スラスラわかる PHP

Beginner's Best Guide to Programming

第 2 版

志田仁美 著　アシアル株式会社 監修

Hitomi Shida　*Asial Corporation*

SHOEISHA

本書内容に関するお問い合わせについて

このたびは翔泳社の書籍をお買い上げいただき、誠にありがとうございます。弊社では、読者の皆様からのお問い合わせに適切に対応させていただくため、以下のガイドラインへのご協力をお願い致しております。下記項目をお読みいただき、手順に従ってお問い合わせください。

●ご質問される前に

弊社Webサイトの「正誤表」をご参照ください。これまでに判明した正誤や追加情報を掲載しています。

正誤表　https://www.shoeisha.co.jp/book/errata/

●ご質問方法

弊社Webサイトの「刊行物Q&A」をご利用ください。

刊行物Q&A　https://www.shoeisha.co.jp/book/qa/

インターネットをご利用でない場合は、FAXまたは郵便にて、下記“翔泳社 愛読者サービスセンター”までお問い合わせください。

電話でのご質問は、お受けしておりません。

●回答について

回答は、ご質問いただいた手段によってご返事申し上げます。ご質問の内容によっては、回答に数日ないしはそれ以上の期間を要する場合があります。

●ご質問に際してのご注意

本書の対象を越えるもの、記述個所を特定されないもの、また読者固有の環境に起因するご質問等にはお答えできませんので、予めご了承ください。

●郵便物送付先およびFAX番号

送付先住所　〒160-0006　東京都新宿区舟町5

FAX番号　03-5362-3818

宛先　（株）翔泳社 愛読者サービスセンター

※本書に記載されたURL等は予告なく変更される場合があります。

※本書の出版にあたっては正確な記述につとめましたが、著者や出版社などのいずれも、本書の内容に対してなんらかの保証をするものではなく、内容やサンプルに基づくいかなる運用結果に関してもいっさいの責任を負いません。

※本書に掲載されているサンプルプログラムやスクリプト、および実行結果を記した画面イメージなどは、特定の設定に基づいた環境にて再現される一例です。

はじめに

本書は、PHPによるプログラミングの基礎を無理なく学ぶことを目的とした入門書です。PHPはWebアプリケーションを作ることに特化したプログラミング言語で、文法がわかりやすく、柔軟な書き方ができるため、多くのプログラマに愛されています。

本書では、PHPでWebアプリケーションを作ってみたいけれど、「なにから始めればよいかわからない」「用語や技術のイメージがわかない」という初心者を念頭において執筆しました。PHPを始めるにあたり必要な、インターネット基礎知識の習得から学習をスタートしています。

本書中盤からは、実際に手を動かしてPHPを学べるように、架空のテニスサークルで利用するサイトを例に、Webアプリケーションを作成していきます。作成前に行う企画・設計やデザインについても触れ、完成形を考えながら開発を進めていきます。そして、サークルサイトの開発を終えた後に、さらに機能を追加するにはどうしたらよいか、セキュリティに対する知識、中・上級を目指すための道標など、発展的な内容についてもサポートしています。

また、本書ではPHPのマニュアルやエラーの読み方といった、文法書だけでは補えないポイントについても押さえました。壁にぶつかったとき、自分で調べて乗り越えるだけの基礎力になればと思っています。

本書を通じて少しでもPHPでの開発の楽しさが伝わり、みなさんの理解の一助となれば幸いです。

志田 仁美

本書について

本書は、プログラミングがまったくはじめてという方に向けて、PHPに関する技術を基礎からやさしく解説した入門書です。全部で14の章に分かれており、各章でプログラミングやPHPの特定のテーマについて解説しています。読み終えるころには、PHPでプログラムを作るために最低限必要な知識が身についているでしょう。

各章には以下のような要素があり、理解を助けます。

1. 章の内容をイラストで紹介

各章の冒頭には、内容を4コママンガで紹介するコーナーがあります。どんなことを学ぶのかわかりやすくなっています。

2. 本編の解説

はじめての方でも理解できるよう、丁寧に説明しています。

3. たくさんの図解

文章による説明の理解を助けるため、図を使って補足し、イメージをつかみやすくしています。

4. NoteとMemo

説明に関連し、留意すべきことや覚えておいてほしいことをまとめています。

5. Column

説明の流れから外れますが、今後のために知っておいたほうがよい情報などをまとめています。

6. 用語解説

必要に応じて、専門用語が登場します。その都度、解説していますが、補足情報などがある用語については、この要素で説明します。

7. 例

各章では、サンプルプログラムを例に解説をしています。サンプルプログラムは翔泳社のWebページからダウンロードすることができます。ダウンロードの詳細は、後掲の「サンプルのダウンロードについて」をお読みください。

なお、紙面の都合上、コードが折り返してあるところは ⏎ で示しています。実際のコードでは次の行とつなげて書いてください。

8. チェックテスト

節末にはチェックテストを用意しています。理解度をはかるために、ぜひチャレンジしてみてください。

学習の進め方

書いて覚えましょう

プログラミング上達のコツの1つは、「書くこと」です。本書に掲載されたサンプルプログラムを実際に入力し、実行させてみることで、より一層理解が深まります。本書で学習を終えた後、インターネット上のいろいろなプログラムに触れると思いますが、それらもコピー&ペーストするのではなく、実際に自分で書いてみるとよいでしょう。

変更してみましょう

サンプルプログラムを動かした後は、「こう書いたらどう動くのかな？」「ここを変更したらどうなるんだろう？」「ここはなくてもいいんじゃないか？」といった疑問やチャレンジの心を大切に、ぜひ動かして確かめてください。多少のことでパソコンは壊れませんから、「遊び場」にして楽しんでください。

調べましょう

本書ではPHPのマニュアルの読み方や、エラーの種類についても解説しています。関数を利用するときには、PHPのマニュアルで使い方を調べるようにしてください。エラーが出たときも過度に恐れず、エラーメッセージをよく読み、自分の知識に変えていきましょう。

各章の特徴

第1章

PHP学習の前に、インターネットの仕組みについて学びます。

第2章

プログラミングに必要なソフトウェアや環境を理解します。

第3章

開発環境の導入をします。

第4章

PHPが扱うデータ型と、変数や代入の仕組みを学習します。

第5章

分岐や繰り返しをする制御構文について学びます。

第6章

配列について学び、制御構文での操作方法についても解説します。

第7章

関数の使い方と作り方を学びます。今後のためにPHPマニュアルの読み方も覚えましょう。

第8章

サークルサイトの企画・設計を行います。また、下準備としてファイルのパスについての学習や、サークルサイトのデザインも行います。

第9章

サークルサイトにお知らせ機能を作りながら、ファイル入出力を学びます。

第10章

画像アップロード機能を作り、HTMLフォームとGET・POSTメソッドによるデータ送受信を学習します。

第11章

掲示板の作成を通し、データベース（DB）の知識を身につけます。

第12章

セッションとクッキーについて学び、ログイン機能を作ります。

第13章

セキュリティのため、攻撃手法と対策を学習します。

第14章

初心者が中・上級者を目指すため、サークルサイトの拡張アイデアや、ソースコードの品質向上について説明します。

サンプルのダウンロードについて

本書に掲載したサンプルプログラムのソースコードは、翔泳社のWebページからダウンロードできます。以下のURLにアクセスして、リンクをクリックしてください。

サンプルのダウンロード

https://www.shoeisha.co.jp/book/download/9784798168500/

サンプルプログラムの動作環境について

本書に掲載しているサンプルプログラムの動作確認は、主に以下の環境で行いました。

- OS：Microsoft Windows 10（64ビット）
- 開発環境：XAMPP v8.0.6 / PHP 8.0.6

目次
CONTENTS

第1章

Webアプリケーションの世界へようこそ!

ふだん、何気なく使っているWebアプリケーションにはどんな機能があるのでしょうか。インターネットとつながりの深いPHPは、プログラミングするだけでは開発できません。この章ではPHPをとりまく環境について学びましょう。

この章で学ぶこと

Introduction

1 Webアプリケーションってなに？

みなさんは、ブログを読んだり、TwitterやFacebookなどを楽しんだりしていますか？　インターネットを通じて利用することができる、特定の機能を持ったWebサイトを**Web**（ウェブ）**アプリケーション**と呼びます。

Webサイトを表示するには**HTML**（エイチティーエムエル）という言語でページを作成する必要があります。WebアプリケーションはHTMLから一歩進んで、「ボタンを押したら書き込みをする」「記入内容でメールを送信する」など、さまざまな機能を持っています。

Webアプリケーションの種類

では、Webアプリケーションとはどのようなものか、もう少し詳しく見ていきましょう。

代表的なものは、SNS（Social Networking Service）です。Web上で友達などとコミュニケーションをとるためのサービスで、FacebookやTwitterといった大規模なものから、地域限定、趣味限定のものまで多岐にわたります。サイト内で日記を書いたり写真をアップ（掲載）したり、メッセージをやりとりしたりして、人と容易につながることができます。

その他にも、ブログ、カレンダー、Webメール、家計簿など、今や「こんなシステムがあったらいいな」と思いつく、ありとあらゆるサービスがWebアプリケーションとして利用されています。

また、近年では表面上はスマホのアプリケーション上で動いているものの、その裏側はWebページを閲覧するためのソフトである**ブラウザ**が動いていて、Webサイトを表示しているというような場面も増えてきました。ユーザ登録をWebページで行ってからアプリケーションに戻って利用することもあり、アプリケーションかWebページかを意識しなくても使えることが多いのではないでしょうか。

このように私たちはふだん、さまざまな機能を持つWebページの集合体であるWebアプリケーションを使っています。

Check Test

Q1 Webページを閲覧するためのソフトウェアをなんといいますか？

Q2 あなたがふだん利用しているWebアプリケーション（Webサイト名）を挙げ、その機能を３つ説明してください。

1-2 Webアプリケーションを分解してみよう

では、ブログを例にとって、インターネットの向こう側でどのように動いているのか見てみましょう！

ブログの機能を確認しよう

日記のように書けるブログには、「閲覧画面」と「管理画面」があります。

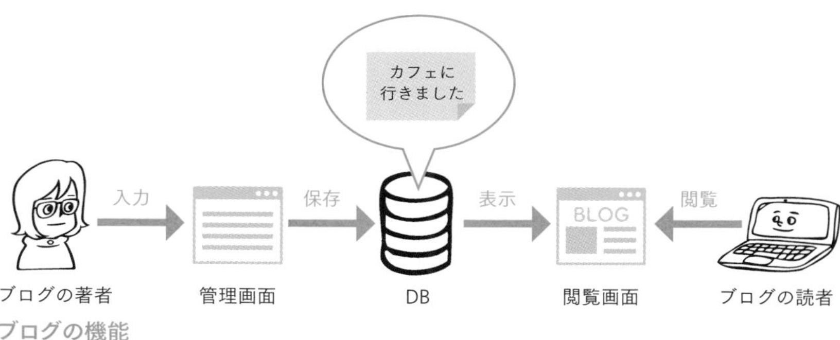

ブログの機能

誰かのブログを読むときのことを思い浮かべてみてください。通常、私たち読者が見ているブログは閲覧画面を指し、ブログの表側にあたります。管理画面はブログの書き手である著者が使う画面で、ブログの裏側です。

ブログの表側　閲覧画面

ブログの閲覧画面では、記事の表示を行います。

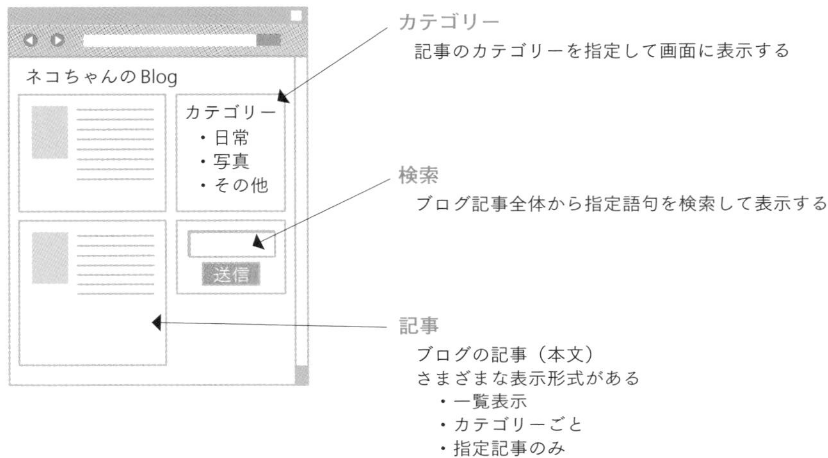

ブログの閲覧画面

記事にはカテゴリーという分類情報がついており、メニューからカテゴリーを選ぶと、そのカテゴリーに合う記事だけが表示されます。

検索ボックスに語句を入力して検索することで、関連した記事だけを表示することもできます。

このように閲覧画面では、さまざまな表示形式で記事を表示することができます。

ブログの裏側　管理画面

管理画面には著者だけがアクセスできるように**ログイン機能**（きのう）がついています。ブログの著者はログイン画面にアクセスし、IDとパスワードを入力してログインを行います。本当にこのブログの著者であるかを確認するために、管理画面には鍵がかかっているのです。

ログインすると、ブログ記事を書くために必要な、さまざまな**フォーム**が表示されます。

フォームとは、Webページを構成するための部品の一種です。テキストボックスやテキストエリアのような文字を入力するもの、いずれかの項目を選ぶラジオボタンやセレクトボックス、複数項目を選択するチェックボックス、情報を送信するためのボタンといったものがフォーム部品です。

ブログの著者は、フォームにブログ記事を書き、ボタンを押して投稿を行います。

データベース（DB）

投稿した記事は、閲覧画面から見るためにどこかに保存しておく必要があります。データを保存する先が**データベース（DB）**です。ブログの管理画面では記事をDBに保存し、閲覧画面ではDBから記事を取得して表示しています。

DBとは、データを集めて効率的に利用する目的のために考えられた仕組みで、データの基地（Data Base）が語源になっています。一箇所にデータを保存しておくことで、取り出しやすく、扱いやすくしています。

身近な例でいえば、住所録もDBですね。郵便番号、住所、名前などをまとめておけば便利ですし、索引をつければ「あ行の人」というように該当する住所が探しやすくなります。

コンピュータでDBを扱うときも同様に、まとめたり検索したりすることができます。具体的な概念については第11章で学習します。

HTMLとCSS

管理画面や閲覧画面といったWebページを表示するには、HTMLやCSSといった言語も必要になってきます。

HTMLは文書の構造を示すマークアップ言語と呼ばれるものです。蛍光ペンで文書をなぞってマークアップするように、この文章は見出し、この文章は段落……というように文書構造をマークアップします。

CSSはHTMLを見やすく美しくするための言語です。ブラウザはHTMLだけでも見出しを強調表示などしてくれますが、CSSが入ることで、より見やすくなります。

HTMLとCSS

一口にブログといっても、いろいろな機能から成り立っていることがわかります。

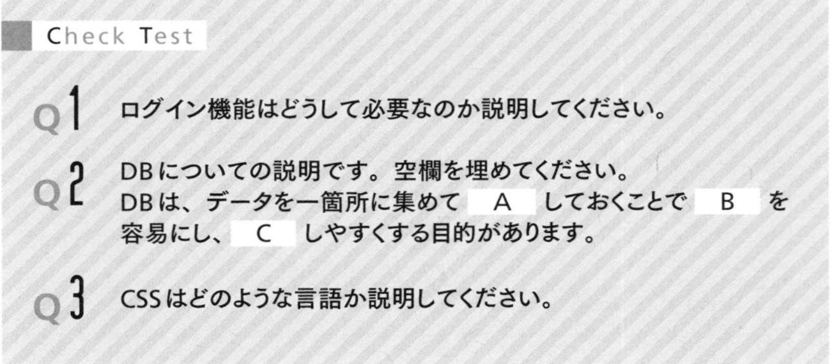

Check Test

Q1 ログイン機能はどうして必要なのか説明してください。

Q2 DBについての説明です。空欄を埋めてください。
DBは、データを一箇所に集めて A しておくことで B を容易にし、 C しやすくする目的があります。

Q3 CSSはどのような言語か説明してください。

1 3 インターネットの裏側を見てみよう

では、ブログをさらに分解してみましょう。私たちがブログにアクセスしたとき、Webページはどうやって表示されているのでしょうか？

クライアントとサーバ

EdgeやChromeなど、Webアプリケーションを表示するブラウザのことを**クライアント（Client）**といいます。実際のWebアプリケーションは、**サーバ（Server）**と呼ばれるコンピュータの中にあります。

私たちはブラウザにブログの**URL**（ユーアールエル）を入力し、サーバに対して「ブログを見せてください」という通信を行います。URLとは、そのページがインターネット上のどこにあるのかを示す住所です。この通信のことを**リクエスト**といいます。

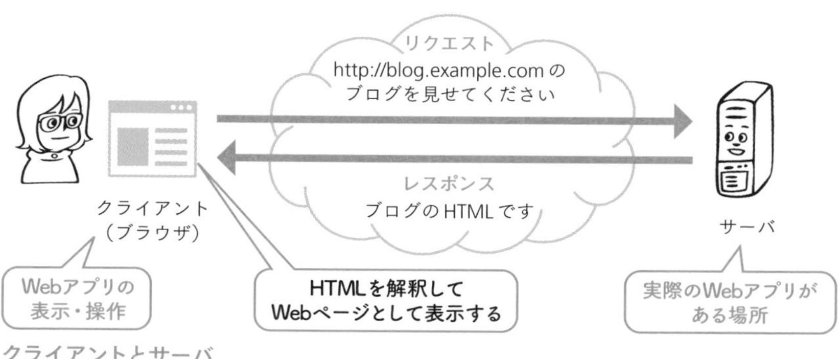

クライアントとサーバ

URLは「http://」「https://」などから始まる文字列になっています。このHTTPという表記は**プロトコル**といい、どういう通信手段なのかを指しています。

例えば「http://example.com/」というURLの場合、HTTPというプロトコルでexample.comという場所に行く、ということを示しています。

【用語解説】

プロトコル

通信する際の手段についての規約です。例えば現実世界でも、郵便を送るときには「郵便番号・住所・氏名」を書く必要があり、郵便番号の桁数なども決まっています。この規約を守ることで、スムーズに郵送ができます。つまり郵便番号などは郵便のプロトコルなのです。
Webページを見るためには通常、Webページの転送について定められているHTTPプロトコルを使います。最近増えてきているURLに鍵マークのついたHTTPSプロトコルは、SSLという暗号化方式を使って安全にHTTP通信するためのプロトコルです。
その他にも、ファイル転送のFTP、メール転送のSMTPなど、インターネット上でやりとりするために、いろいろなプロトコルが定められています。

Column

今すぐPHPを勉強したいのに……

PHPの本なのに、なかなかプログラミングが始まらなくてやきもきしている方もいるかもしれません。でも、PHPを勉強するにあたって周辺知識を学ぶことはとても重要なのです。
インターネットはたくさんの周辺技術からなっています。例えばWebアプリケーション1つを作るのにも、サーバやデータベース、インターネットの通信網などさまざまな技術が使われています。Webページの表示にはHTMLやCSSなどのデザインの知識も必要になってきます。PHPでのプログラミングはWebアプリケーションの一部といってもいいでしょう。
そのため、これからPHPを学ぶみなさんは、インターネットの動きすべてを知る必要こそないものの、どのようにして動いているのかをざっくり知ることが必要になってきます。
ざっくり知ると、今後「Webアプリケーションがうまく動かない！」というときにも、サーバの問題なのか、プログラムの問題なのか、設定の問題なのかなど、どこで問題が発生しているのかを切り分けて考えることができるようになります。

IPアドレスと名前解決

サーバの住所は、実際のところ**IPアドレス**（アイピー）という数字でできています。IPアドレスは192.168.1.1のようにドット区切りの4パートからなる数字です。

数字の羅列は人間には覚えきれないので、URLをIPアドレスに変更する**DNS**（ディーエヌエス）（Domain Name System）というシステムがあります。「xxx.xxx.xxx.xxxというIPアドレスが指すのはexample.com」といった対応を管理しています。そのシステムが動いているサーバのことを**DNSサーバ**といいます。世界中のドメイン（～～.com、～～.co.jpなど）をIPアドレスに対応づけるデータベースを持っています。

クライアントはexample.comというブログにアクセスする際、まずDNSサーバにIPアドレスをたずねます。これが**名前解決**（なまえかいけつ）という作業です。そこで得たIPアドレスをもとに、サーバにリクエストを送ります。

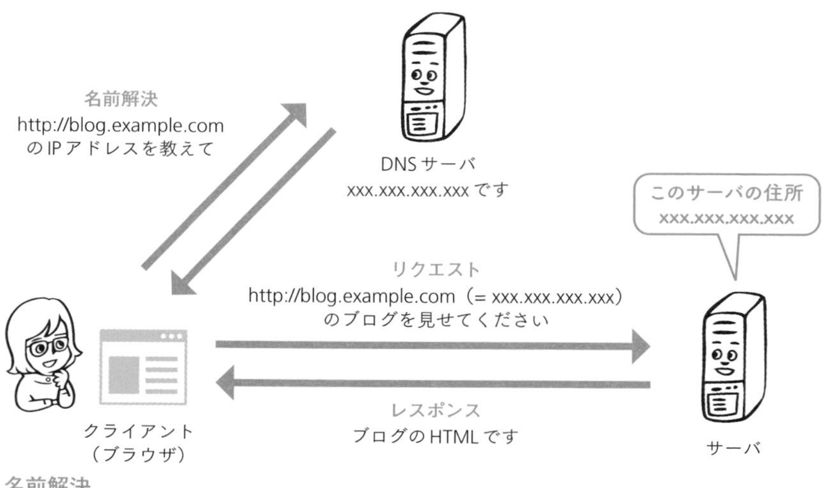

名前解決

クライアントは、URLで指し示したWebページを閲覧するため、DNSサーバで名前解決をして、そこで得たIPアドレスにあるサーバに対してリクエストを行います。

サーバの仕事

サーバ（Server）とは日本語で給仕人、料理を取り分けする人という意味がありますが、コンピュータ用語では「通信や処理を行うコンピュータ」を指します。その意味の通り、リクエストがサーバに到着すると、サーバは受け取ったリクエストを解釈して、返答であるレスポンスを返します。レスポンスは、HTMLやCSS、画像といったデータです。

ブラウザの仕事

ブラウザは、HTMLに書かれている文書の構造をもとに、CSSでデザインを付与して表示しています。表示の際は、指定された**文字(もじ)コード**に従って表示を行います。

文字コードとは、文字に割り当てられた番号のことで、さまざまな種類があります。たまに文字化けしているWebページやメールを見ることはありませんか？　Webページを作成したときに使った文字コードと同じものを使ってブラウザで表示をすると、文字化けが起こりません。

【用語解説】

文字コード

コンピュータで利用される文字は、内部的には番号で管理されています。この対応関係を文字コードといいます。例えば、ASCIIコードという文字コードで「A」という文字には、内部的に「65」という番号が割り当てられています。コンピュータは割り当てられたコードを解釈し、65だからAと表示する、という処理を行います。

ASCIIコードは128文字程度しか表すことができないため、日本語のようにたくさんの文字が必要な表現では不便です。そこで、日本語に対応したいくつかの文字コードが開発されました。現在、日本語の文字コードとしてよく使われているのはUTF-8という文字コードです。他に、Shift_JISやEUC-JPといった文字コードも存在します。

サーバの動作

では、サーバをさらに分解し、リクエストを受けてどのようにレスポンスを返すのかを見てみましょう。

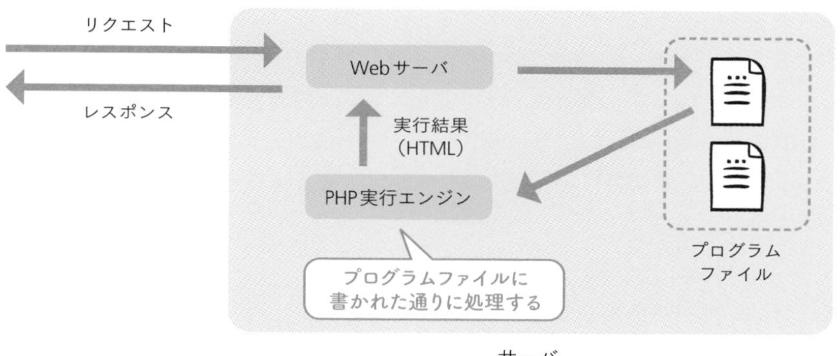

サーバの分解

リクエストを受け取っているのは、**Webサーバ**（ウェブサーバ）と呼ばれる機能です。リクエストの内容から、どのファイルをレスポンスとして送り返せばよいか判断しています。

リクエストの判別

URLが「～.html」で終わっているHTMLファイルがリクエストされたときには、数あるファイルの中から該当するHTMLファイルを取り出してレスポンスとし、クライアントに送ります。こういった、そのまま送ればよいHTMLのことを**静的Webページ**（せいてきウェブページ）といいます。

URLが「～.php」で終わっている場合はHTMLファイルではないため、そのままレスポンスとして返すことはできません。そのため、Webサーバは該当のPHPプログラムファイルを取り出した後、**PHP実行エンジン**（ピーエイチピーじっこうエンジン）と呼ばれる機能にファイルを渡します。PHP実行エンジンは、ファイルに書かれたプログラムを解釈して処理を行い、HTMLを作成してレスポンスとして送信します。このように、処理を経てレスポンスとして送られるWebページのことを、**動的(どうてき)Webページ**といいます。

動的Webページは、ブラウザに表示された結果のみ見れば静的Webページと変わりませんが、PHP実行エンジンの処理結果のページです。例えば、ブログにアクセスすると最新の日記が見られるようになっているのは、動的にDBから最新の日記を取得するという処理を行っているからです。

このように、サーバの中にはWebサーバというクライアントとやりとりを行う処理の隊長のような機能や、PHP実行エンジンのように処理を行う参謀のような機能など、さまざまな機能があります。いつも何気なく使っているインターネットですが、裏側ではたくさんの機能が働いてWebページを見せてくれているのです。

Web アプリケーションとプログラム

ブログのようなWebアプリケーションを作るには、さまざまな機能が必要です。PHPのファイルには、Webアプリケーションの機能を実現するための処理が書かれています。この処理のことを**プログラム**といいます。

プログラムを解釈する実行エンジンは、プログラムに書かれた通りに処理を行います。ブログの管理画面から投稿された記事をDBに保存するのも、プログラムとして「記事が投稿されたら、それをDBに保存しなさい」という手順が書かれているからです。この手順を書くための言語が**プログラミング言語(げんご)**です。

数多くのプログラミング言語がありますが、本書で学習するPHPは、Webアプリケーションを作ることに特化し、さまざまな機能（関数、ライブラリ）が充実しており、初心者でも扱いやすいのが特徴です。

Check Test

Q1 Webページを見るときのクライアントとサーバの動作について、次の単語を使って説明してください。

クライアント　サーバ　リクエスト　レスポンス

Q2 静的Webページと動的Webページの違いについて説明してください。

第2章

PHPでプログラミングがしたい!

PHPでWebアプリケーションを作るには、ローカル開発環境の準備を行い、自分のPCに疑似的なインターネットの世界を構築します。さまざまなソフトウェアが、Webアプリケーション全体のどの部分を担当するのか学びましょう。

この章で学ぶこと

1 _どうやってプログラミングするんだろう

2 _プログラミングに必要なソフトウェア

さっそくプログラムを
書いてみたいな
じゃあ
ローカル環境を
作ってみようか
インターネットの世界を
疑似的にパソコンの中に作って
開発をしていくんだよ
パッ
プログラミングに
必要なソフトについて
教えるね
ヨーシ！

2 1 どうやってプログラミングするんだろう

Webアプリケーションを動かすにはさまざまな仕組みが必要であること、実際にPHPに処理をさせるにはプログラムを書く必要があることがわかりました。では、実際にどのような流れでプログラムを書いていけばよいのか見てみましょう。

まず、どのような問題を解決したいのかを考えます。例えばブログのシステムであれば、「ブログの記事が投稿されたときDBに保存したい」が問題となります。

次に、問題をどのように解決していくかを考えて、実際にプログラムを書いていきます。プログラムの書き方は、プログラミング言語ごとに定義されています。

こうして書かれたプログラムのことを**ソースコード**といいます。このソースコードをサーバ上で実行すると、PHPの実行エンジンがPHPを解釈して結果を返します。結果から、エラーがあれば修正を繰り返して完成に近づけていくというのが、プログラミングの大きな流れです。

実際には、インターネット上にあるサーバに何度も送って都度エラーを修正するのは大変なので、自分のPCに疑似的なインターネットの世界を構築します。これを**ローカル開発環境**(かいはつかんきょう)といいます。

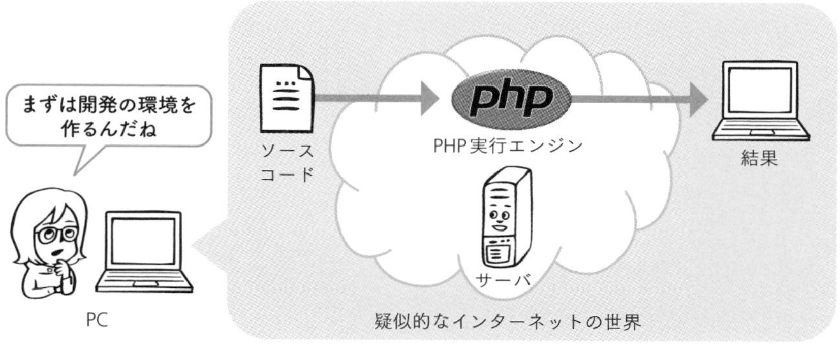

ローカル開発環境

サーバのようなコンピュータは、曖昧な命令を理解することができません。コンピュータにとって「ブログの記事をDBに保存して」という命令は曖昧すぎるのです。そのため、「ブログの記事が投稿されたら、タイトルの文字数をチェックして、本文の改行をHTMLの改行タグに変更して……」等、もっと細かくブレークダウンしてPHP言語に落とし込む必要があります。

Column

いろいろなプログラミング言語

プログラミング言語にはたくさんの種類があり、それぞれ得意分野が違います。最近話題の機械学習によく使われるPython、iPhoneのアプリケーションを作るSwift、Androidのアプリケーションを作るJava、組み込みソフトウェア開発ではC言語など……どのような処理をするか、作ったソフトウェアをなにで動かすかなどで、使われる言語は多種多様です！

PHPはWebアプリケーションを作るのに特化している言語です。いろいろな言語のいいとこ取りをしているため学習しやすく、高速に動き、DBなどのWebアプリケーションに必要な他機能との連携もしやすいため、初心者でも扱いやすいのがメリットです。人気の言語のため裾野が広く、少し調べるだけで同じようなエラーの対処法が見つかります。PHPに出会えたあなたは幸運です。素晴らしい言語ですよ！

Check Test

Q1 プログラミング言語の定義によって実際に書かれたプログラムのことをなんといいますか？

Q2 ローカル開発環境とはなんですか？

2 2 プログラミングに必要なソフトウェア

PHPでプログラミングをするにあたり、流れはだいたいつかめたのではないかと思います。では、実際に必要なソフトウェアが、開発のどこを担うのか説明していきます。

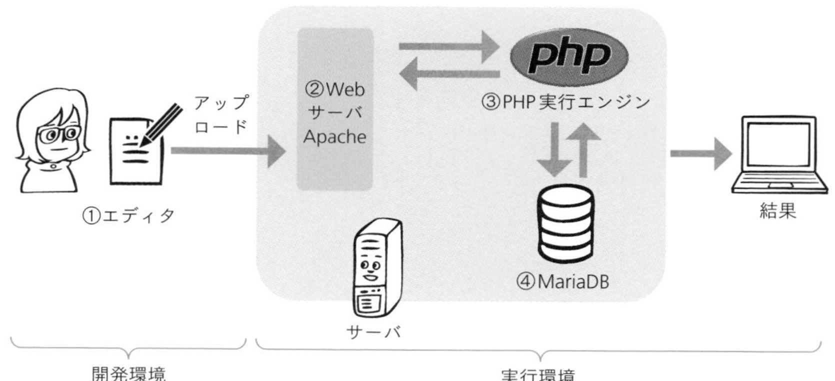

開発環境と実行環境

環境は、大きく**開発環境**（かいはつかんきょう）と**実行環境**（じっこうかんきょう）に分けられます。

開発環境は、プログラムを作るための環境、つまりあなたのパソコンです。

実行環境は、Webサーバに、PHP実行エンジンやDBなどを含んだ環境です。インターネット上にあるWebサーバで実行すれば、スマホや世界中どこからでもアクセスすることができます。Webサーバがインターネット上にあるとき、このサーバを**リモートホスト**と呼びます。

試作段階なので自分のパソコンの中だけで実行したいという場合には、この実行環境を自分のパソコンの中に構築し、実行環境を含めて開発環境とします。自分のパソコンの中だけで構築した開発環境のことをローカル開発環境といい、サーバのことは**ローカルホスト**と呼びます。

①エディタ

プログラムを作成・編集するためのソフトウェアです。プログラム自体はWindows標準のメモ帳でも書くことができますが、高機能なエディタを使うと、言語のキーワードが色分けされたり、行番号が表示されたりして便利です。有料・無料とさまざまなソフトウェアがあるので、自分の好みに合ったものを使うとよいでしょう。

実際の開発現場では、vimというエディタがよく使われています。また、エディタの機能だけでなく、デバッグ（エラーを取り除く作業）するための環境や、プログラムをプロジェクトごとに管理する機能など、開発に広く役立つ機能を持ったIDE（統合開発環境）を使う場合もあります。

本書では、初心者でも扱いやすいVisual Studio Code（VS Code）を使ってPHPプログラムを書いていきます。

② Web サーバ

PHPを動かし、Webページを見られるようにするために必要なソフトウェアです。代表的なWebサーバとしてはApache HTTP Serverがあり、これは無料で利用することができます。

本書でもApache HTTP Serverを使います。

③ PHP 実行エンジン

PHPを実行するために必要な、一番重要な部分です。Windowsをはじめ、サーバによく利用されているUNIX系OSなど、さまざまなOS上で動かすことができ、無料です。

PHPのバージョンによって言語の仕様が違う場合がありますが、今回はPHP8（ピーエイチピーエイト）を使います。

④データベース（DB）

Webアプリケーションによっては、データを保存するためにDBを利用することがあります。代表的なDBの1つにMariaDBがあり、こちらも無料で利用することができます。本書でもMariaDBを使います。

Note

Webアプリケーションの開発では、MariaDBのほか、PostgreSQL、Oracle DatabaseなどのDBがよく使われています。これらのDBはリレーショナルデータベースと呼ばれ、データを表形式で管理し、表と表を結合したり、検索や並べ替えをしたりと、便利な機能がたくさんあります。
その他、ドキュメント指向データベースという種類のMongoDBは、データを表ではなくJSONという形式に似た表現方法で扱っています。
どのようなDBを利用するかは、Webアプリケーションの規模や性質などから決定します。

本書では、XAMPP（ザンプ）というソフトを使って、エディタ以外の実行環境であるApache HTTP Server、PHP、MariaDBを一度にインストールします。

本来これらのソフトウェアは1つずつインストールしていく必要がありますが、手間がかかってしまいますので、第3章で一括インストールをしましょう。

Check Test

Q1 PHPでの次のソフトウェアが必要な場面を、開発環境と実行環境に分類してください。

Webサーバ　　DB　　PHP実行エンジン　　エディタ

Q2 リモートホストとローカルホストの違いについて、空欄を埋めてください。

リモートホストは　A　上にあるサーバで、ローカルホストは　B　上にあるサーバのこと。

第3章

ソフトウェアのインストール

XAMPPを使って、PHP・サーバ・DBを一括インストールしましょう。VS Codeを使うと開発がより楽になります。ローカル開発環境が整ったら、簡単なプログラムを書き、PHPがきちんと動いているか確認していきます。

この章で学ぶこと

1 __ XAMPPのインストール

2 __ エディタのインストール

3 __ はじめてのPHPプログラミング

4 __ PHPのエラー

PHPプログラミングは
使うソフトが多いんだね
DB
PHP
サーバ
ヒュー
大丈夫！
XAMPPを使おう！
ザンプ？
必要なソフトウェアを
一括インストールできるんだ
便利だね！
エラーの読み方も
勉強していこう

3 1 XAMPPのインストール

ローカルホストを立てるには、XAMPP（ザンプ）を使うと簡単です。XAMPPは、Webサーバである Apache HTTP Server（以下 Apache）と、プログラム実行エンジンである PHP、データベースの MariaDB などのソフトウェアを一括でインストールでき、実行環境を手早く整えることができます。

はじめにXAMPPをインストールしてPHPの実行環境を作りましょう。

①拡張子の表示

インストールに直接の関係はありませんが、以降の操作で必要になるため、拡張子（ファイルの種類を表す、ファイル名後の.xxxという表記）を表示させておきましょう。

エクスプローラーの［表示］タブから、［ファイル名拡張子］にチェックを入れます。

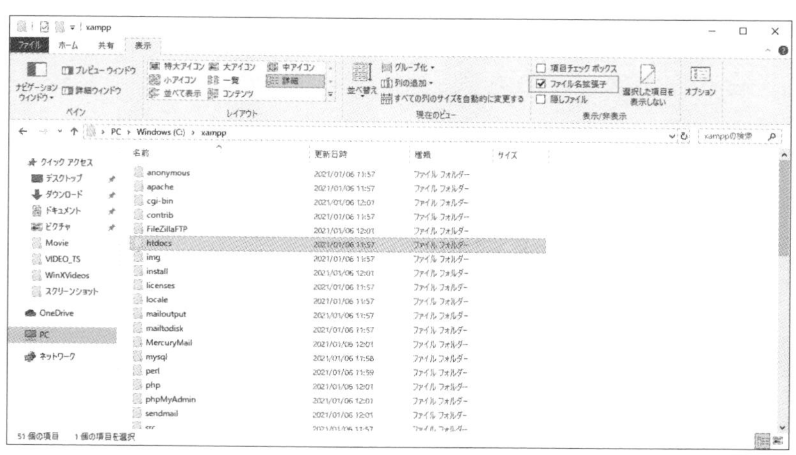

拡張子の表示

② XAMPPのダウンロード

次のURLにアクセスしてXAMPPをダウンロードします。[Windows向けXAMPP] をクリックするとダウンロードが開始します。

- XAMPP Installers and Downloads for Apache Friends

https://www.apachefriends.org/jp/index.html

XAMPPのダウンロード

③インストーラの実行

ダウンロードしたファイル（拡張子.exeのファイル）をダブルクリックし、インストーラを実行します。

「変更を加えることを許可しますか？」というダイアログが出たら、[はい] をクリックしてインストールを進めてください。

アンチウイルスソフトウェアが動作している場合、次のダイアログが表示されます。[Yes] ボタンをクリックしてください。

セキュリティに関する警告ダイアログが出た場合も同様に [OK] をクリックします。

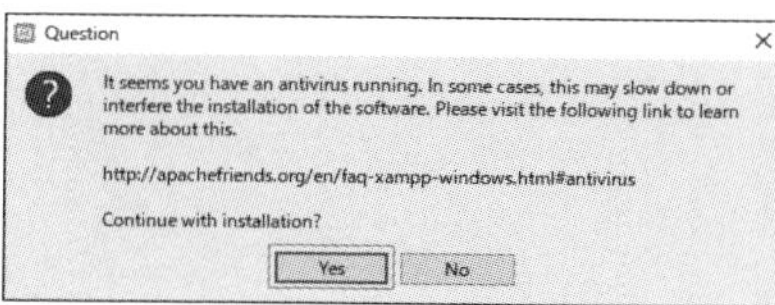

アンチウイルスソフトのダイアログ

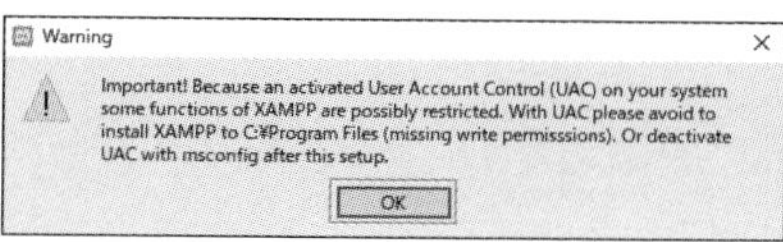

セキュリティの警告

セットアップウィザードが表示されたら、[Next] をクリックします。

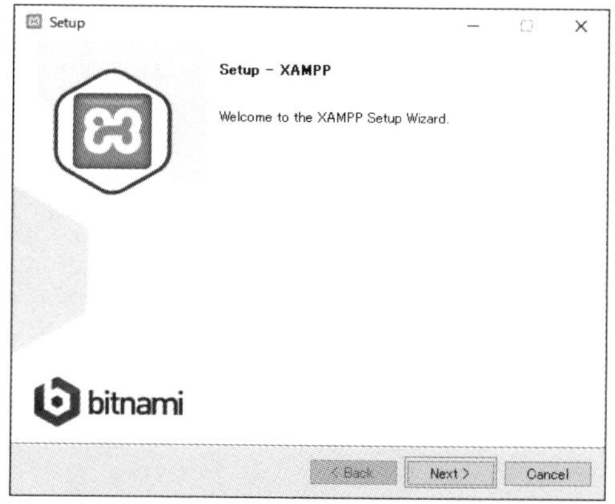

セットアップ開始画面

次はインストールするソフトウェア(コンポーネント)の選択画面です。チェックボックスのついたソフトウェアがインストールされます。変更せずに [Next] をクリックします。

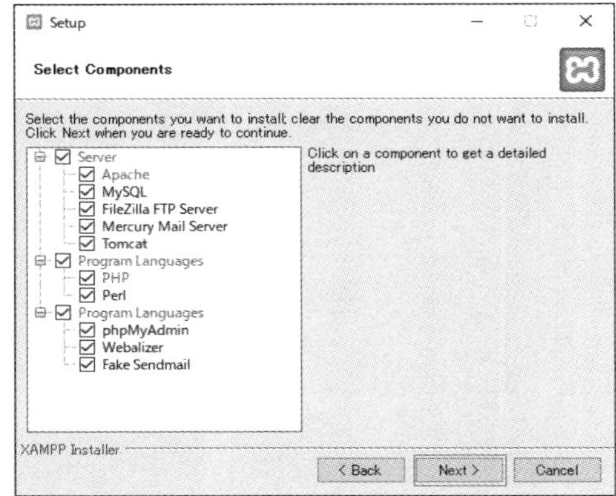

インストールするコンポーネント選択画面

次に、インストールする場所を選択します。特に指定がない場合、なにも変更せずに［Next］をクリックします。以降、Cドライブ直下の「C:¥xampp」というフォルダにインストールした前提で説明していきます。

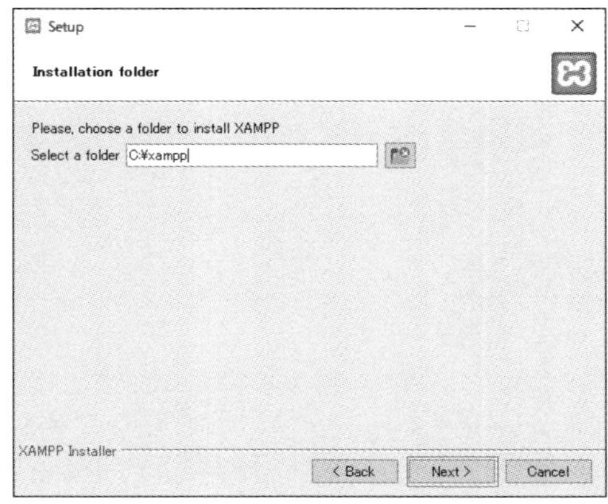

インストール場所の選択

XAMPPのコントロールパネル（設定画面）で使う言語を決めます。英語かドイツ語が選べます。言語を選んで［Next］をクリックします。

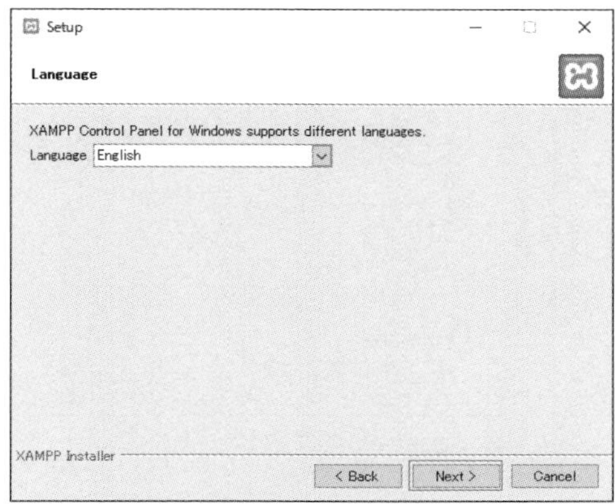

コントロールパネルの言語設定

次の画面では、XAMPPが提供する他のソフトウェアの紹介を見るかのチェックボックスが表示されます。紹介を見なくてもインストールは進むので、チェックを外して［Next］をクリックします。

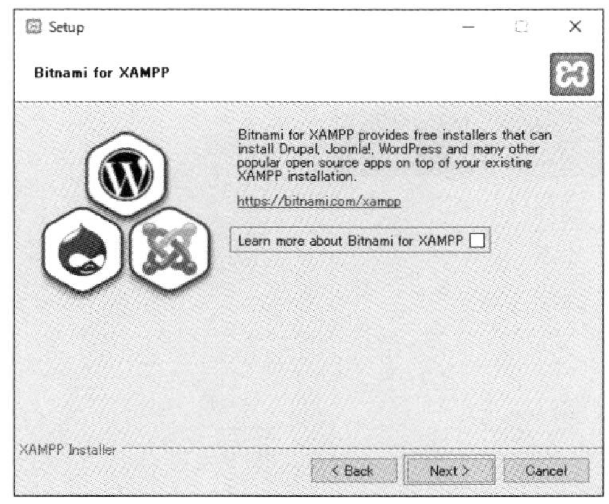

その他ソフトウェアの紹介

［Next］をクリックし、インストールを始めます。インストールが終了したら、コントロールパネルを表示するか確認するチェックボックスにチェックを入れて、［Finish］をクリックします。

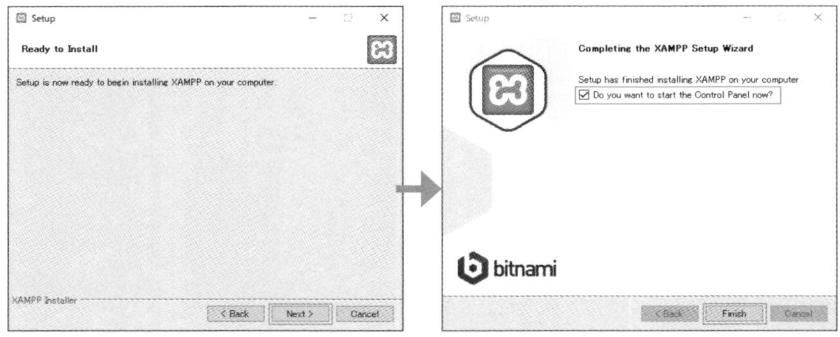

インストール開始　　インストール終了

このとき、「Windowsセキュリティの重要な警告」画面が表示されます。Apacheがネットワーク接続を行うために、Windowsのセキュリティ機能が働いているためです。今回はローカル環境を整えるので、上の［プライベートネットワーク］のチェックボックスにチェックを入れ、［パブリックネットワーク］のチェックボックスは外して、［アクセスを許可する］をクリックします。

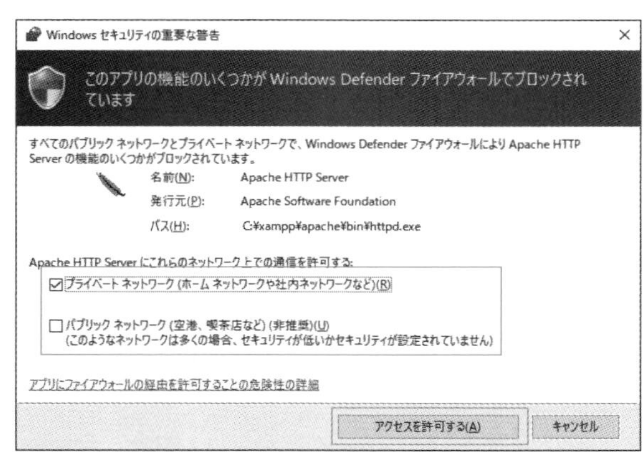

Windows セキュリティの重要な警告

タスクバーにXAMPPコントロールパネルのアイコンが表示されます。アイコンが多い場合は隠れていますので、図のように矢印マークをクリックするとアイコンが確認できます。

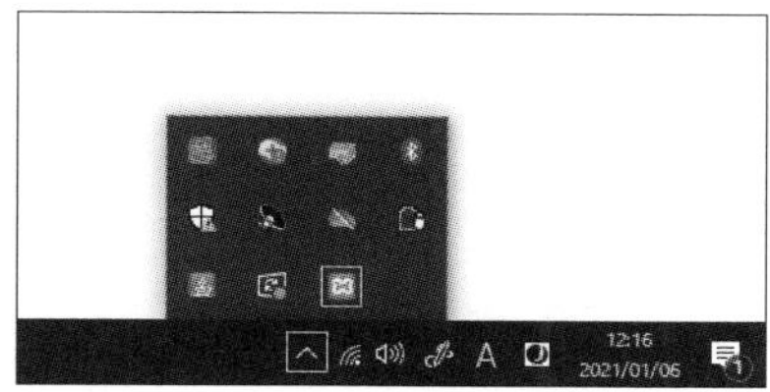

タスクバーのアイコン

④ Apache、MariaDBの起動

無事にインストールができたので、ApacheとMariaDBを起動します。MariaDBはもともとMySQLという名前で開発が進められていましたが、歴史的に分岐し、互換性を保ったまま今に至っています。XAMPPからインストールしているDBもMariaDBではあるものの、表記上はMySQLのときがあります。

コントロールパネルが表示されていないときは、タスクバーのXAMPPアイコンを右クリックし、[Show/Hide] をクリックするとコントロールパネルが表示されます。

コントロールパネルから、「Apache」と「MySQL」の横にある [Start] ボタンをそれぞれクリックします。正常に起動すると、「Apache」と「MySQL」の文字の背景が緑色に変化します。

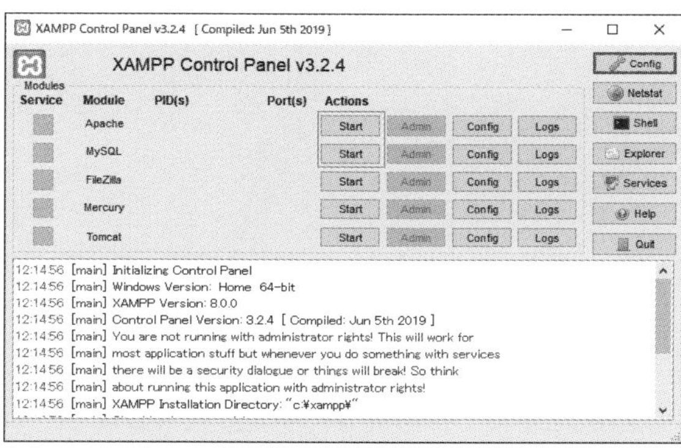

コントロールパネル

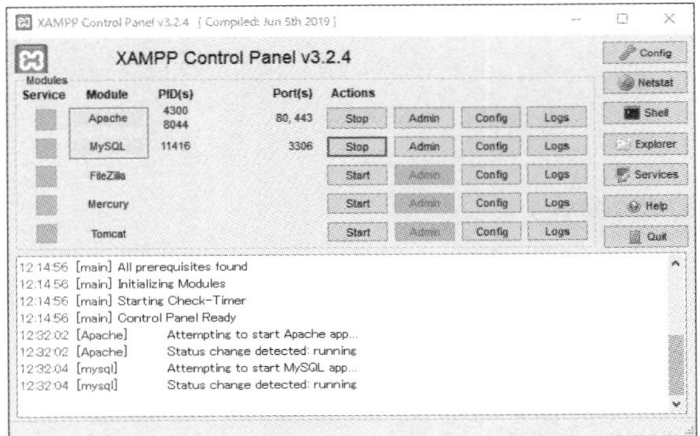

スタートした様子

MariaDB起動時に、Apache同様セキュリティの警告が出ます。同じように、[プライベートネットワーク]にのみチェックを入れてアクセスを許可してください。

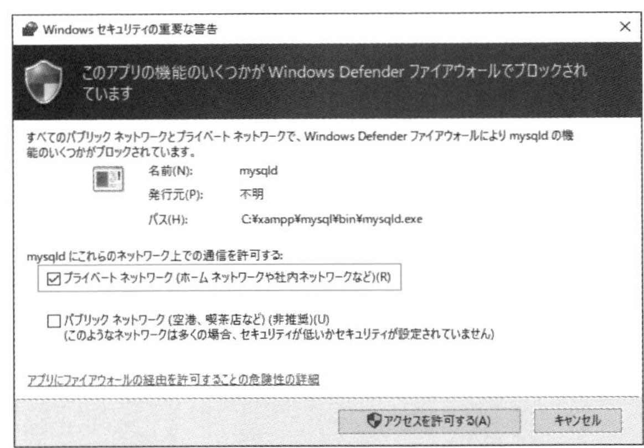

MariaDBからのセキュリティの警告

もしApacheが[Start]を押しているのに起動しなかった場合、ポート番号が占有されている可能性があります。ポート番号とは、通信するときにどのソフトウェアにデータを送ったらよいか判別するための番号です。Skypeなどを起動している場合、SkypeにApacheが使いたい80番ポートが占有されているかもしれません。Skype以外でも、IIS（Internet Information Services）やVisual

Studioでもポート占有が起きる場合があります。それらのソフトウェアを終了してからApacheをスタートさせてみましょう。

⑤自動起動設定

ApacheやMariaDBを使うには、Windowsを起動した後、それらのソフトウェアがスタート状態でなくてはいけません。そこで、起動したら自動的にスタート状態になっているように、自動起動設定を行います。

コントロールパネルの［Config］ボタンをクリックし、表示されたダイアログの［Autostart of modules］の中から、ApacheとMySQLにチェックを入れて［Save］ボタンをクリックします。すると、下図の右側に示したエラーダイアログが表示されます。これは設定変更を設定ファイルに書き込むのに、Windowsの管理者権限のないアカウントで操作しているために表示されるものです。コントロールパネルを管理者として実行すればよいのですが、一時的な対処に過ぎませんので、設定ファイルに権限を設定しましょう。

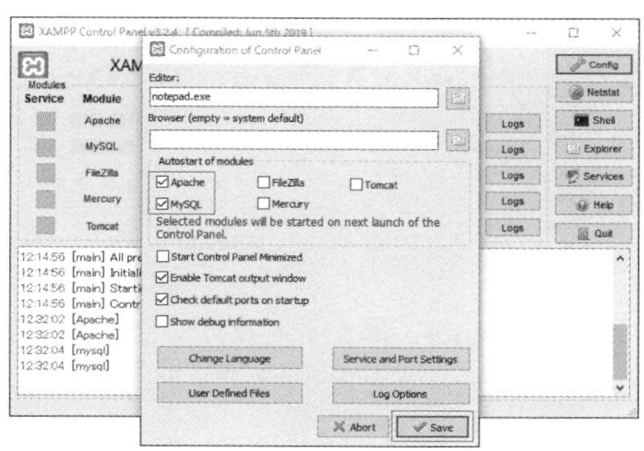

自動起動とエラー

まずC:¥xamppフォルダを開き、xampp-control.iniというファイルを右クリックし、［プロパティ］をクリックします。次に「セキュリティ」タブに移動し、該当ユーザを選択します。今回、ユーザは「Everyone」を選択してください。ユーザの選択後、［編集］ボタンをクリックすると、アクセス許可のウィンドウが表示されるので、チェックボックスの［許可］すべてにチェックを入れ、［OK］を押します。

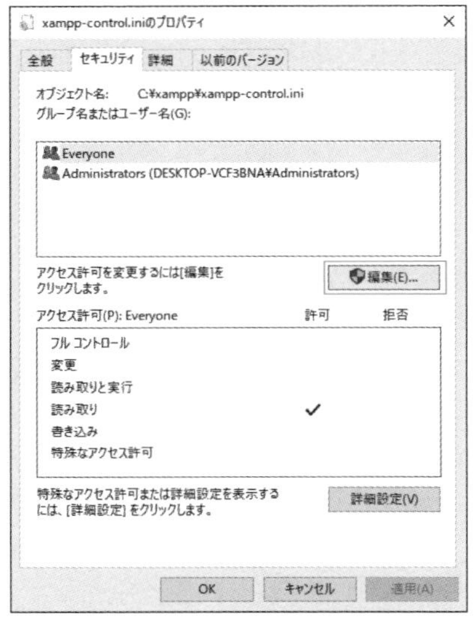

xampp-control.ini のプロパティ

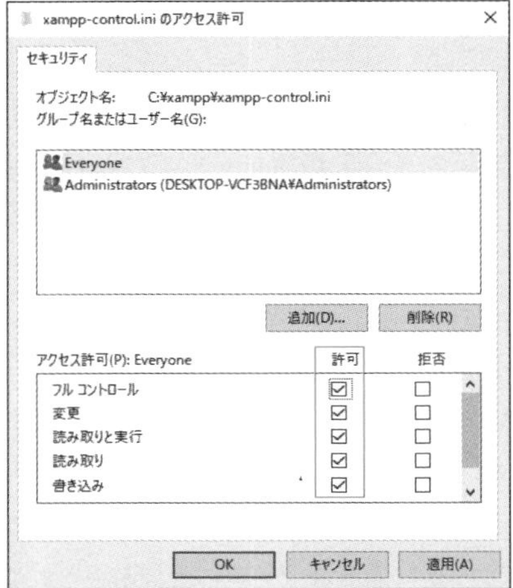

アクセス許可

再度、自動起動設定を行ってください。［Save］ボタンで変更が保存できます。

⑥公開フォルダの確認

XAMPPコントロールパネルの［Explorer］ボタンをクリックすると、XAMPPをインストールしたフォルダが表示されます。その中に「htdocs」というフォルダがあります。

これは**公開フォルダ**（こうかい）といい、プログラムやWebページを置く場所になります。以降の章ではこのフォルダにプログラムを置いて学習を進めていきます。

公開フォルダ直下に置いたファイルは、

```
http://localhost/ファイル名
```

でアクセスできます。公開フォルダ以下にフォルダを作成し、そこにファイルを置いた場合は、

```
http://localhost/フォルダ名/ファイル名
```

のようにスラッシュで区切ります。次のURLにアクセスして、ApacheとPHPが正しく動いているか確認しましょう。

```
http://localhost/dashboard/phpinfo.php
```

この画面が出たら正しく動いています！

php

PHP Version 8.0.0

System	Windows NT DESKTOP-VCF3BNA 10.0 build 18362 (Windows 10) AMD64
Build Date	Nov 24 2020 21:54:22
Build System	Microsoft Windows Server 2016 Standard [10.0.14393]
Compiler	Visual C++ 2019
Architecture	x64
Configure Command	cscript /nologo /e:jscript configure.js "--enable-snapshot-build" "--enable-debug-pack" "--with-pdo-oci=c:¥php-snap-build¥dep-aux¥oracle¥x64¥instantclient_12_1¥sdk,shared" "--with-oci8-12c=c:¥php-snap-build¥dep-aux¥oracle¥x64¥instantclient_12_1¥sdk,shared" "--enable-object-out-dir=../obj/" "--enable-com-dotnet=shared" "--without-analyzer" "--with-pgo"
Server API	Apache 2.0 Handler
Virtual Directory Support	enabled
Configuration File (php.ini) Path	no value
Loaded Configuration File	C:¥xampp¥php¥php.ini
Scan this dir for additional .ini files	(none)
Additional .ini files parsed	(none)
PHP API	20200930
PHP Extension	20200930
Zend Extension	420200930
Zend Extension Build	API420200930,TS,VS16
PHP Extension Build	API20200930,TS,VS16
Debug Build	no
Thread Safety	enabled

確認画面

⑦ MariaDBの接続確認

第11章でDBに接続するため、先んじてMariaDBが利用可能か確かめましょう。XAMPPコントロールパネルの［Shell］ボタンをクリックすると、**コマン**

ドプロンプトが表示されます。ここから動作確認を行います。

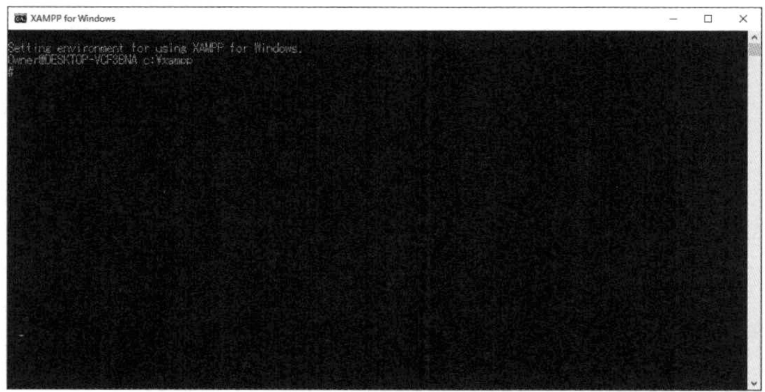

コマンドプロンプト

行頭が「#」になって、文字が入力できる状態になっています。初回は管理権限のあるrootという特別なユーザのパスワードを決めます。次のように入力して［Enter］キーを押してください。

```
# mysqladmin -u root password
```

パスワード設定を求められます。パスワードを入力して［Enter］キーを押すと、確認のため再度入力を促されるので、同じパスワードを入力して［Enter］キーを押します。

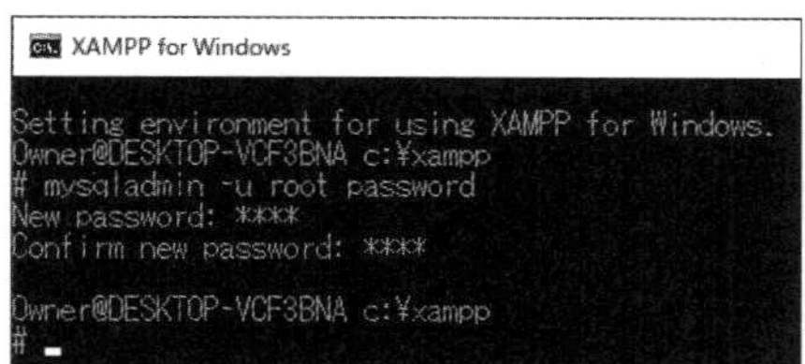

初回の管理者パスワード設定

では、次のように入力してMariaDBに接続しましょう。

```
# mysql -u root -p
```

mysqlがMariaDBに接続するためのコマンドです。-uはユーザを指定するオプションで、今回はrootを指定しています。-pはパスワード入力を行うオプションです。[Enter] キーを押すとパスワードを聞かれますので、先ほど決めたパスワードを入力して [Enter] キーを押します。正しく接続できると、「MariaDB [(none)]>」という行頭になります。

このように、MariaDBに接続すると、専用のコマンドを入力することで操作ができます。今回は接続確認ができましたので、次のように終了コマンドを入力して [Enter] キーを押して接続終了します。

```
MariaDB [(none)]> quit
```


Note

以降の章でDBを利用する場合、PHPプログラムからDBへ接続します。しかし、コマンドプロンプト上でDBの中身を確認するときなど、DB操作コマンドを入力した結果が文字化けして読めない場合があります（具体的には、PHPプログラムから書き込み動作をして、テーブルに追加したレコードが文字化けしたり、コマンドプロンプト上から追加した日本語を含むレコードが文字化けしたりしてしまう）。

テーブル内部の文字コード（UTF-8）と、コマンドプロンプトから入力する文字コードが異なることが問題なので、次のコマンドを入力してください。

```
SET character_set_client = cp932;
SET character_set_connection = cp932;
SET character_set_results = cp932;
```

日本語（cp932）で入力したSQL文が、内部でUTF-8に変換されて処理され、結果が日本語で表示されます。

コマンドプロンプトを終了すると文字コードが戻ってしまうので、必要な場合は随時上記のコマンドを実行してください。

Check Test

Q1 拡張子についての説明です。空欄を埋めてください。
拡張子はファイルの　A　を表す識別子です。

Q2 PHPを実行するために必要なソフトウェア一式を一括インストールできるソフトウェアの名称はなんですか？

Q3 ローカルホストの公開フォルダにtestというフォルダを置いて、その中のalbum.phpというファイルを開きたいとき、どんなURLにアクセスすればよいですか？

3 2 エディタのインストール

プログラムはテキストファイルとして作成します。Windows標準アプリケーションであるメモ帳でも作成できますが、高機能なテキストエディタを使うと便利です。

VS Codeのインストール

ここでは、Microsoftが開発している、Visual Studio Code（VS Code）というエディタを使いましょう。次のURLにアクセスし、［Windows］のボタンをクリックしてダウンロードしてください。

- VS Codeのサイト：https://azure.microsoft.com/ja-jp/products/visual-studio-code/
- ダウンロードページ：https://code.visualstudio.com/download

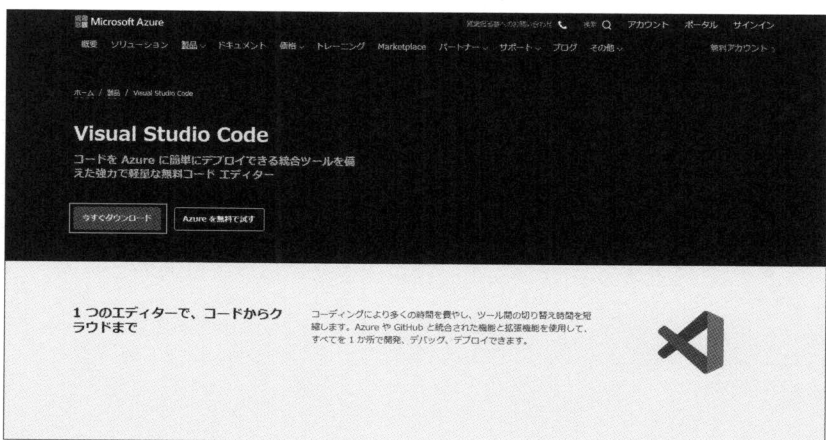

VS Codeのサイト

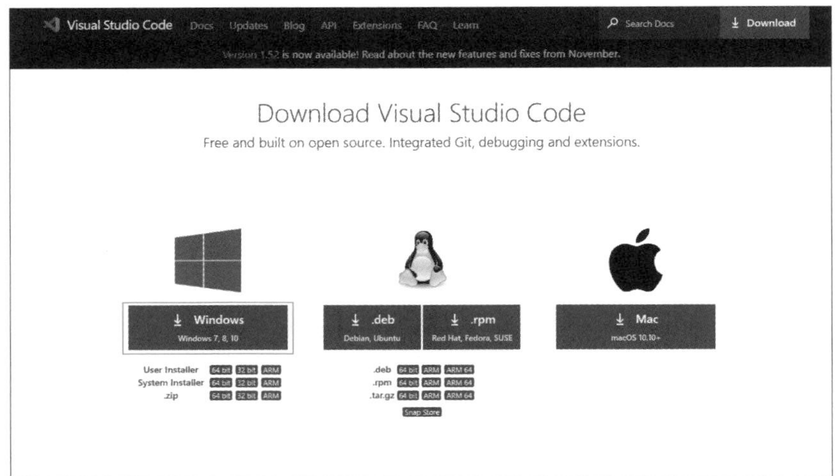

ダウンロードページ

ダウンロードしたファイルをダブルクリックして、インストールを始めます。

使用許諾契約書画面では、［同意する］にチェックして［次へ］をクリックします。

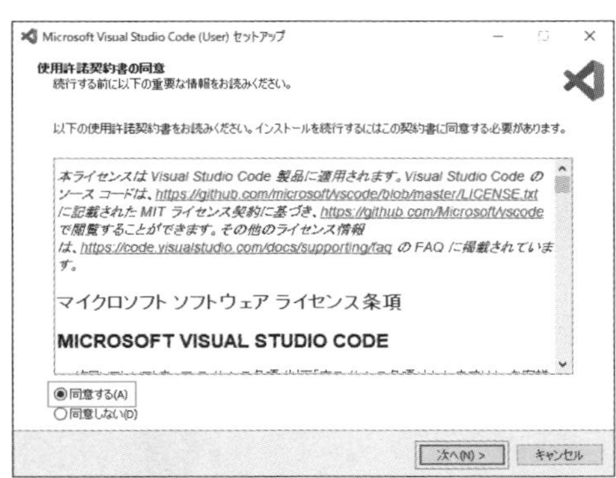

使用許諾契約書

インストール先の指定は、特に変更がなければそのまま［次へ］をクリックします。スタートメニューフォルダーの指定についても同様に、［次へ］をクリックします。

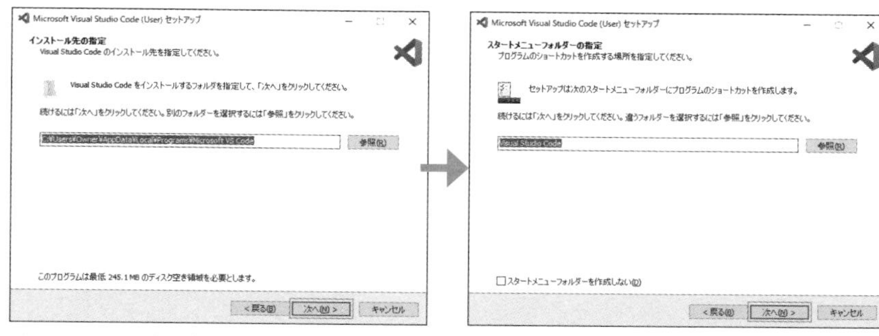

インストール先の指定　　スタートメニューフォルダーの指定

追加タスクの選択画面では、[デスクトップ上にアイコンを作成する]と、[エクスプローラーのファイルコンテキストメニューに[Codeで開く]アクションを追加する]にチェックを入れると、後で便利でしょう。チェックを入れて[次へ]をクリックします。

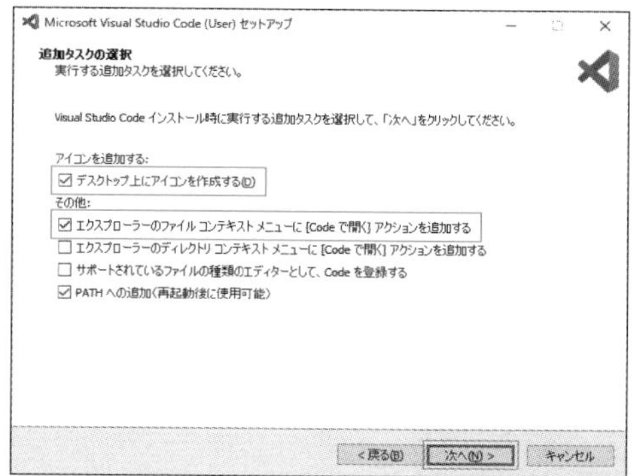

追加タスクの選択

インストール準備完了画面で、設定項目一覧が表示されます。［インストール］をクリックします。

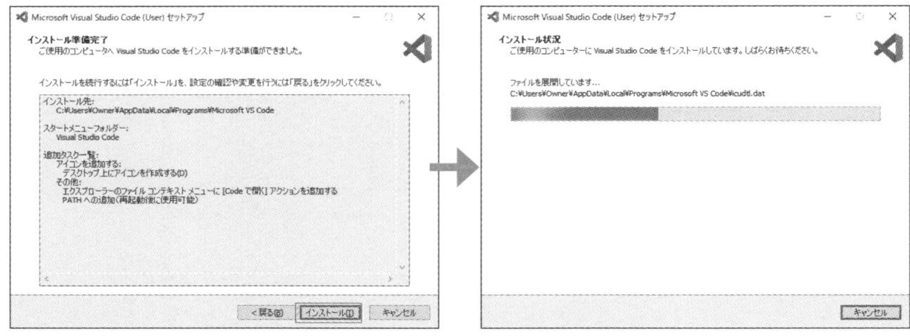

設定項目一覧　　　　インストール中

VS Codeの日本語対応

メニューが英語でわかりにくい場合、日本語化することができます。

VS Codeを開き、メニューから［View］–［Command Palette］をクリックし、［Configure Display Language］をクリックします。リストから見つからない場合は入力して検索してください。先頭の数文字を入力すると表示されます。

View – Command Palette

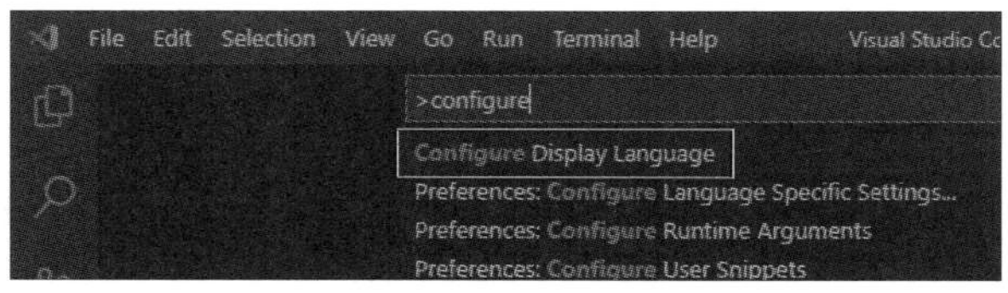

Configure Display Language

［Install additional languages…］をクリックします。右のサイドバーに言語一覧が表示されますので、［Japanese Language Pack for Visual Studio Code］の［Install］ボタンをクリックします。

言語パックインストール

右下に［Restart Now］ボタンが出たらクリックしてください。VS Codeが再起動し、日本語化されています。

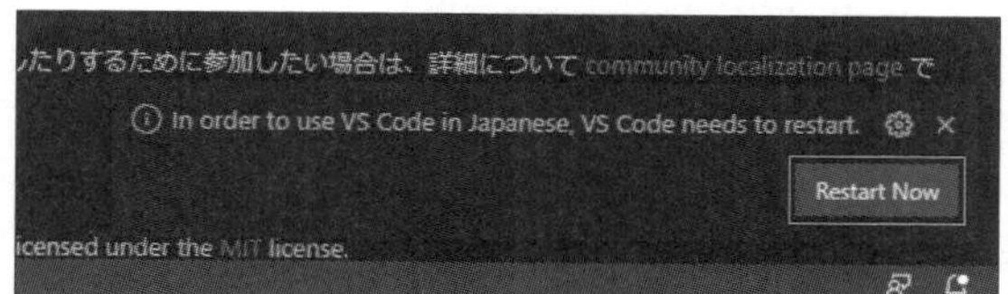

Restart Now ボタン

3 ― 3 # はじめてのPHPプログラミング

テスト用フォルダを作る

PHPプログラミングを始めましょう！

公開フォルダ（C:¥xampp¥htdocs）に「test」というフォルダを作成してください。作成したらVS Codeを開きます。

VS Codeの上部メニューから、［ファイル］－［フォルダーを開く］を押し、testフォルダを選択します。次のような画面が表示されますので、［TEST］の矢印をクリックして開き、［新しいファイル］ボタンを押してファイルを作成します。ファイル名は「test.php」にしましょう。作成すると、右側のパネルに内容が表示されます（作ったばかりなので、まだ空です）。

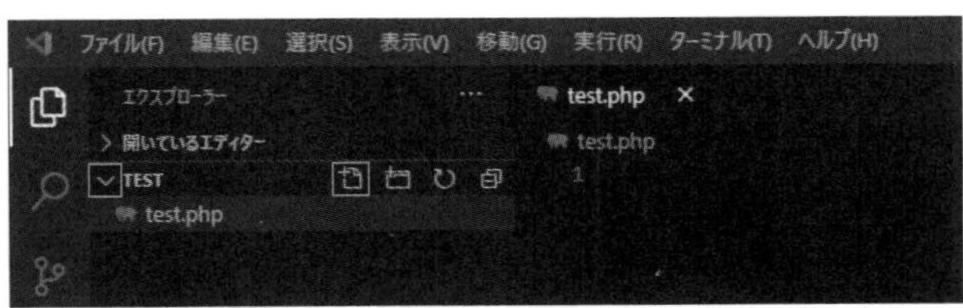

test.php を作成

PHPはUTF-8という文字コードで書きます。文字コードとは、コンピュータの中で文字をどのように表現するかを定めたもので、いくつかの種類があります。他の文字コードで書くことも可能ですが、現在では一般的にUTF-8で書かれています。書いた文字コードと違う文字コードで表示させると文字化けが起こってしまいます。

VS Codeでは、右下に現在の文字コードが表示されています。

行 1、列 1　スペース: 4　UTF-8　CRLF　PHP

文字コード

基本的な書き方

PHPは、HTMLと交ぜ書きできるのが大きな特徴です。そのため、「ここからここまではPHPで書いています」と示すマークが必要になります。

```
<?php
  // 1行コメントです
  # これも1行コメントです
  /* 複数行の
 コメントです */
?>
```

<?phpは、PHPが始まることを表す開始タグです。ここから末尾の終了タグである?>までがPHPの処理です。

//から始まる行はコメントです。スラッシュ2つ以降から改行までの文字は処理に直接関係しません。また、次のように処理の後ろにコメントをすると、処理は実行されますが、//以降はコメントになります。

```
(PHPによるなんらかの処理) // コメント
```

コメントには日本語を使うことができます。処理の目的をわかりやすくするためにコメントを残しましょう。また、プログラムの一部をコメントにすることをコメントアウトといいます。

#から始まる行もコメントで、//と同じ意味です。

//と#は1行のコメントですが、複数行のコメントは/*と*/で挟みます。

このプログラムはいったいどのような処理をしているでしょうか？　開始タグで始まり、コメント、コメント……終了。そうです、コメントだけのなにも処理をしないプログラムです。

はじめてのプログラムに挑戦！

では、test.phpに簡単なプログラムを書いてみましょう。

```
<?php
  echo "Hello PHP!!!";
?>
```

保存して、ブラウザから次のURLにアクセスします。

http://localhost/test/test.php

次のような画面が表示されたら成功です！

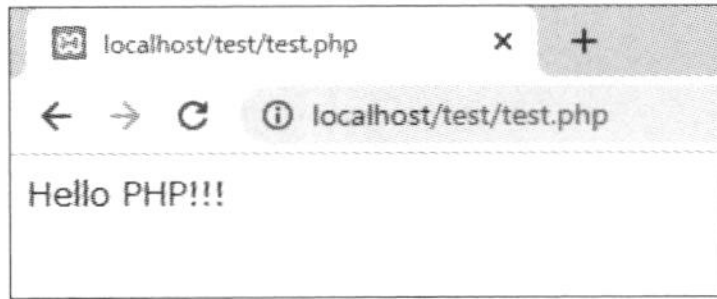

「Hello PHP!!!」と表示される

実行結果からわかる通り、echo（エコー）という命令は、ダブルクォーテーションに囲まれた文字列を表示するというものです。行末についた;（セミコロン）は、命令文の終わりを意味しています。

HTMLとの交ぜ書き

test.phpをさらに変更し、HTMLとの交ぜ書きをしてみましょう。

```
You have
<?php echo 2+3; ?>
cats.
```

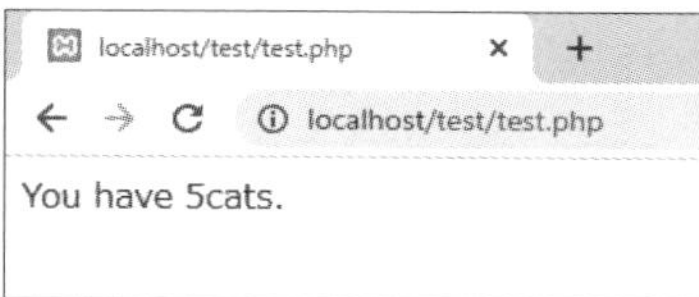

HTMLとの交ぜ書き

「You have」と「cats.」はPHPではなくHTMLです。PHPで2+3の計算結果をecho命令で出力しています。先ほどのようにダブルクォーテーションで囲まないのは、2+3が計算式であり、文字列ではないからです。

このように、HTMLとPHPを交ぜ書きできるのが、PHPの大きな特徴です。

Check Test

Q1 PHPの開始タグ、終了タグの記号はなんですか？

Q2 3種類のコメント「/* ～ */」「//」「#」の役割はなんですか？

Q3 HTMLの交ぜ書きをしたプログラムにおいて、次のように書き換えたとき、どのような実行結果になりますか？　また、なぜそのような実行結果になったか説明してください。

```
echo "2+3";
```

3 4 PHPのエラー

はじめてPHPを学習すると、たくさんのエラーにぶつかります。エラーメッセージは英文で表示されるため、ウッと尻込みしてしまうかもしれませんが、大丈夫！ よく読むと簡単な英語で書かれていますし、何行目にエラーがあるかも示してくれます。

エラーには深刻さを表すレベルがあります。代表的なエラーと、どのように修正していけばよいのかを示します。

エラーの表示形式

エラーは次のように表示されます。

エラーレベル　エラーの内容

```
Parse error: syntax error, unexpected token ";"
in C:¥xampp¥htdocs¥test¥test.php on line 1
```

エラーが起きた場所

エラーは3つの部位に分かれ、それぞれ次の内容を表しています。

エラーレベル

エラーの深刻度。いくつかのエラーは致命的で、修正しないとプログラムが動きません。

エラーの内容

どのようなエラーなのかを表します。

エラーが起きた場所

エラーが起きたプログラムの場所と、何行目で起きたのかを表します。

エラーレベル

Notice

注意という種類のエラーで、「致命的ではないけれど、エラーの原因になるかもしれない」という状況を示します。プログラムの実行は中断されず、正しく動作することも多いです。

Warning

Noticeより少し深刻度の高い警告という種類のエラーです。プログラムの実行は中断されませんが、たいていは修正したほうがよいエラーです。

```
$sum = $i + 100;        // $iはプログラム中に初期化もされず、突然出現したが……？
```

実行結果　Warning：未定義の変数 $i が2行目にあるという意味

```
Warning: Undefined variable $i in C:¥xampp¥htdocs¥test¥test.⏎
php on line 2
```

Parse error

PHP実行エンジンがプログラムを理解できない場合に起きるエラーです。プログラムが実行される以前の問題で、書き方が間違っている場合などに起こります。修正しないとプログラムは動きません。

```
if () // if構文の条件がありません……
```

実行結果　Parse error：構文エラー 予期しない)が現れたという意味

```
Parse error: syntax error, unexpected token ")" in C:¥xampp⏎
¥htdocs¥test¥test.php on line 2
```

Fatal error

致命的なエラーです。実行したプログラムは途中で止まります。修正しないとプログラムは動きません。

```
echo test();  // 存在しない関数「test」を呼んだが……？
```

実行結果　Fatal error：未定義の関数test()が呼ばれたという意味

```
Fatal error: Uncaught Error: Call to undefined function test
() in C:¥xampp¥htdocs¥test¥test.php:2 （エラーの詳細な発生箇所レポートのため以下略）
```

エラーは、Parse errorのようにプログラムを実行する以前に見つかって指摘される「構文エラー」と、実行時に発生する「実行時エラー」に分かれています。よくエラー文を読んで、どこが間違っていたか確認しましょう。

エラーを表示させるには

PHPの設定によっては、エラーが表示されないようになっている場合があります。エラーはログに書き出されており、このログファイルは「C:¥xampp¥php¥logs¥php_error_log」にあります（第14章で解説するphp.iniというファイルの設定によります）。

ローカルホストで開発中、エラーが表示されなくて不便な場合は、プログラムの先頭に次のように書きましょう。

```
<?php
  ini_set('display_errors', 'On');
  error_reporting(E_ALL);
```

`ini_set`はPHPの設定を変更するための機能で、エラー表示をONにしています。`error_reporting`はカッコ内に指定されたレベルのエラーを出力するよう設定をする命令で、E_ALLはすべてのエラーを表すものです。

エラーが表示されると、プログラムのどの位置でエラーが起きているかわかってしまうため、本番運用時にはエラーが表示されないよう、上記の表示設定はオフにしておきましょう。

Check Test

Q1 以下のエラーを、深刻な順に並べてください。

Warning　Fatal Error　Parse Error　Notice

Q2 error_reportingはどのような機能ですか？

第4章

基本の型

「型」は、PHPで扱うデータ形式で、いくつかの種類があります。データを入れる箱のことを「変数」といいます。型と変数はプログラミングの基本です。これから先もずっと使うので、しっかり学習していきましょう。

この章で学ぶこと

1 __型ってなんだろう？

2 __変数と代入

3 __四則演算

4 __論理演算子

PHPには大きく
4種類のデータの形式、
「型」があるよ
論理型
整数型
浮動小数点数型
文字列型
値を持たない状態を
表すヌルもあるよ
NULL
数字の0とは
違うんだね
1
2
3
4
データは変数に
代入して扱うんだね
おいしそうなクッキー
ゴクリ…
変数どうしの
演算もできる！
ちょっ！食べすぎ！
いただきまーす
ガサッ

4 1 型ってなんだろう？

国語の勉強の前にひらがなを覚えたように、プログラムを書く前に、PHPで使う基本的なデータの型(かた)を学んでいきましょう。

型とは、コンピュータが扱うデータ形式のことです。

例えば人間の世界でいうと、値札の「牛乳 128円」と印字された文字を見たときに、無意識のうちに「牛乳」を文字、「128」を数字と認識しています。この文字、数字は人間が扱うデータの形式ですね。これが私たちの世界でいう「データの型」です。

同様に、PHPでもいくつかの型を用いてデータを扱っています。

代表的な型は次の4つで、これらはスカラー型と呼びます。

- 論理型
- 整数型
- 浮動小数点数型
- 文字列型

また、これらの型以外にヌル（NULL）という特別な型も存在します。

論理型

boolean(ブーリアン)ともいいます。真偽値(しんぎち)といって、現実世界でいうと「はい（真）」と「いいえ（偽）」のどちらかしかとらない型です。

真の値は「TRUE」、偽の値は「FALSE」と表します。

真ならこちらの処理、偽ならこちらの処理と振り分ける分岐処理や、処理済みか否かを管理するフラグ管理などに利用します。

整数型

integer（インテジャー）ともいいます。私たちがふだん使っている-1や3といった小数点が付かない正負の整数値のことで、計算を行ったり、個数を表したりするのに使います。

PHPが動いているサーバ本体（プラットフォームといいます）のOSの種類によって、整数型で扱える最大値が異なります。

次のプログラムを、第3章で作成したtestフォルダ（C:¥xampp¥htdocs¥test）に「int_max.php」というファイル名で保存してください。そしてブラウザで「http://localhost/test/int_max.php」にアクセスすると、実行結果として整数型の最大値を確認することができます。

リスト4-1 整数型の最大値を表示するプログラム（int_max.php）

```
<?php echo PHP_INT_MAX; ?>
```

ブラウザでは下記のような画面が表示されます。

```
9223372036854775807
```

リスト 4-1 の実行結果

以降、これらのプログラムの実行結果は、基本的に下記のようなテキストで掲載していきます。

実行結果

```
9223372036854775807
```

とても大きな数字が表示されましたね。PHP_INT_MAXは定数（ていすう）といい、値が変更できない（定まっている）数です。定数は独自に定義することもできますが、「PHP_」などから始まる定数はPHPによってすでに定義されているものです。

echo（エコー）は、「echoの後ろに指定された文字列や定数を表示しなさい」という命令です。文字列を指定する場合はダブルクォーテーション（"）かシングルクォーテーション（'）で囲みます。echoは「こだま、反響」という意味の英単語なので、「後ろに指定した文字列をこだまのようにそのまま表示する」と考えるとよいでしょう。

浮動小数点数型

float（フロート）、double（ダブル）ともいいます。3.14など小数点を含む実数値（じっすうち）のことです。10進数で14桁程度の長さまでを表すことができます。

整数型の最大値より大きい値は、自動的に浮動小数点数型に変換されます。整数型が入る箱よりも、浮動小数点数型の入る箱のほうが大きいというイメージです。どういうことなのか確認してみましょう。次のプログラムを「int_plus.php」というファイル名で保存し、testフォルダに置いて実行します。

リスト4-2 整数型の最大値を+1するプログラム（int_plus.php）

```
<pre>
<?php
  var_dump(PHP_INT_MAX);      // 整数型の最大値
  var_dump(PHP_INT_MAX+1);    // 整数型の最大値+1
?>
```

var_dump命令は、第7章で学ぶ関数というものです。この関数は、var_dumpのカッコ内の情報をダンプ（表示）する機能を持っていて、変数の型と値を調べることができます。<pre>タグは、var_dumpでの改行付き表示をそのまま表示するためのHTMLタグです。

実行結果

```
int(9223372036854775807)
float(9.223372036854776E+18)
```

3行目の結果は`int`と整数型ですが、4行目の結果はPHPが扱える整数型の最大値に+1しているため、より大きな型である浮動小数点数型に自動的に変換され、`float`と表示されています。

文字列型

string(ストリング)ともいいます。文字の集まりのことを**文字列**(もじれつ)といいます。通常、「"」や「'」で囲まれた文字の集まりを指します。文字列型の最大長は2GBです。

NULL(ヌル)

NULLとは、「値を持たない」という状態を表すものです。

私たちの世界では、ものを数えるときの0は「なにもない」ということを表しますが、コンピュータの世界では「0」は数字のゼロという値を表しています。

そのため、「値を持たない」という特殊な状態を表すために、**NULL型**(ヌルがた)という特別な型があります。

Column

その他の型

PHPでは4つのスカラー型のほかに、4つの複合型と、もう1つの特殊な型があります。

- 4つの複合型

  4つのうち1つは**配列**（はいれつ）という型で、よく使われます。第6章で詳しく学びます。
  もう1つが**オブジェクト**という型です。オブジェクトについては発展的な内容になります。本書では第11章でデータベース（DB）を扱うときに、オブジェクト指向という技術を含めて内容に触れます。
  PHPにはcallableとiterableも複合型として存在していますが、主に使用するのは上記2つなので、詳説しません。

- NULL以外の特殊な型

  もう1つの特別な型は、**リソース型**（がた）です。PHPの世界からPHP以外の世界に対して操作を行うときに利用する、窓口となる型です。第14章で触れます。

- mixed、number、void

  関数の利用方法についてPHPのマニュアルを確認すると、mixed、number、voidといった型を目にすることがあります。これらは整数型のような存在する型ではなく、ドキュメント等で表現される疑似的な型です。
  mixedとは、関数の引数に複数の型を使うことができることを表します。詳しくどの型が使えるかは、各関数のマニュアルを参照してください。
  numberとは、数字を表す型なら使うことができることを表しています。整数型でも浮動小数点数型でもどちらでもOKということです。
  voidとは、空を意味します。引数がvoidの場合、「引数不要」という意味です。返り値がvoidの場合は返り値に意味がないことを表しています。

Check Test

Q1 4つのスカラー型についての説明です。空欄を埋めてください。

- 論理型は　A　を表す型で、分岐処理やフラグ管理などに利用される。
- 整数型は　B　を表す型で、計算や個数を表すのに利用される。
- 浮動小数点数型は　C　を表す型で、整数型より大きい値は自動的に浮動小数点数型に変換される。
- 文字列型は「"」や「'」に囲まれた　D　を扱う型である。

4-2 変数と代入

変数ってなんだろう

変数とは「データの入れ物」のことです。箱をイメージしてください。

PHPでは入れるデータの型によって変数の型が変化します。「この変数は整数型」と定義したら整数しか入れることができないプログラミング言語もありますが、PHPの型はそれほど厳密ではなく、とてもゆるやかです。

値を格納する箱である変数には、それぞれを識別するために好きな名前を付けられます。

変数の名前

変数は、**$変数名**（へんすうめい）という形式で表します。変数名には、英数字、アンダースコア（_）などの文字が利用できます。ただし、アンダースコア以外の半角記号は使えません。また、変数名の先頭に数字を使うこともできません。

また、`$this`も特殊な変数のため使うことはできません。`$__`から始まる変数も特殊な変数として予約済みなので、使わないでください。

○ 使える	$name	$total_score	$Student1	$_temp
× 使えない	$this（特別な変数） $coution!（!がある）	$365days（先頭が数字） $__temp（__は非推奨）	$total-score（ハイフンがある）	

使える変数名

変数名は、どんなデータを格納するか考えて名付けましょう。

`$a`、`$b`といった適当な変数名だと、入力文字数が少ないのではじめは楽ですが、プログラムが長くなってくるにつれ、変数の持つ意味がわからなくなってしまいます。$score、$total_numberなど、多少長くなっても意味のわかる変数名を付けるように心がけましょう。

変数への代入

変数に値を格納することを**代入**（だいにゅう）といいます。文字列や数値など、なんでも代入することができます。代入はイコール（=）で行います。次のプログラムをtestフォルダに「assign.php」というファイル名で保存し、実行して代入の動きを確認してみましょう。

リスト4-3　代入と表示 (assign.php)

```
<?php
  $name = "山田　花子";                    // $nameに名前を代入
  echo "ようこそ" . $name . "さん";        // 文字列と名前を結合して表示
?>
```

実行結果

```
ようこそ山田　花子さん
```

このプログラムでは、$nameに文字列「山田 花子」を代入し、echoで$nameの値を使って表示を行っています。

文字列と変数はドット（.）でつなぐことができます。このドットのことを**結合演算子**（けつごうえんざんし）といいます。演算子とは、演算（計算）するための記号のことを指します。

結合演算子

結合演算子について詳しく見ていきましょう。結合演算子は、左右の値を結合する糊（のり）のような役割をしています。出力のときだけでなく、変数に代入するときにも使うことができます。

次のプログラムをtestフォルダに「assign_join.php」というファイル名で保存し、実行して、動きを確認してみましょう。

リスト4-4 代入時の結合演算子(assign_join.php)

```
<?php
  $name = "山田";    // $nameに「山田」を代入
  $name .= "花子";   // $name = $name . "花子" と同じ意味
  echo "ようこそ" . $name . "さん"; // 表示
?>
```

実行結果

```
ようこそ山田花子さん
```

このプログラムでは$nameに文字列「山田」を代入したのち、$nameに文字列「花子」を結合しています。$nameにはすでに「山田」が入っているため、「.=」を使うことで連結した「山田花子」という文字列が$nameに再代入されます。

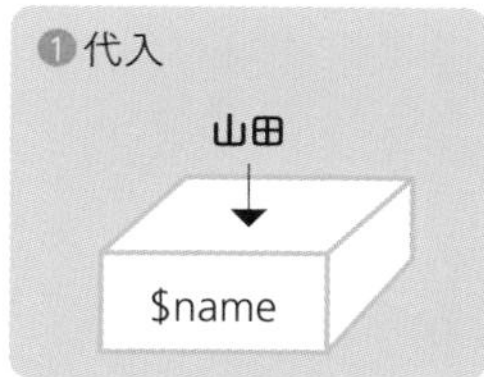

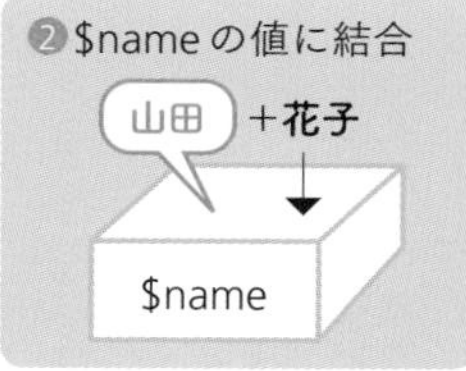

代入と結合演算子

結合して変数に代入するときは、「$name = $name . "文字列"」とすると冗長ですので、「.=」と使うことで見やすくします。

Check Test

Q1 次の変数名のうち、利用できるものはどれですか？

```
$total_score          $totalScore      $_total_score
$10total_score        $total_score10
```

Q2 左右の値を結合する「.」（ドット）のことをなんと呼びますか？

4 3 四則演算

もちろん文字列の操作だけでなく、四則演算もできます。

四則演算

演算	演算子	例	結果
加算	+	$a + $b	$a と $b の合計
減算	-	$a - $b	$a と $b の差
乗算	*	$a * $b	$a と $b の積
除算	/	$a / $b	$a を $b で割った結果
剰余	%	$a % $b	$a を $b で割った余り

次のプログラムをtestフォルダに「four_arithmetic.php」というファイル名で保存し、実行しましょう。

リスト4-5 四則演算 (four_arithmetic.php)

```
<?php
  $a = 8;
  $b = 3;

  echo $a + $b ."<br>";    // 8 + 3 = 11
  echo $a - $b ."<br>";    // 8 - 3 = 5
  echo $a * $b ."<br>";    // 8 * 3 = 24
  echo $a / $b ."<br>";    // 8 / 3 = 2.6666666666667
  echo $a % $b ."<br>";    // 8 % 3 = 2
?>
```

実行結果

```
11
5
24
2.6666666666667
2
```


は、HTMLで改行を示すタグです。PHPの実行結果はHTMLとして出力されるので、改行させたいときには
を使います。

PHPでは、「8+3」のように数字を使った四則演算はもちろん、このプログラムのように変数を使った四則演算も可能です。

加算、減算、乗算については、私たちが日常で行っている計算と同じ結果です。

8行目の除算は、結果が割り切れないため浮動小数点数型の数字になり、末尾が丸められています。このように、割り切れない場合は浮動小数点数型の有効桁数で丸められます。

もし「8/2」のように割り切れる場合、結果は「4.0」でなく「4」のように整数になります。

Column

剰余の使いみち

剰余を求める演算子「%」は、表（テーブル）の色付けによく使われます。行数が多い表は、1行ごとに色が付いていると見やすいですね。現在の行数を2で割った余りが0なら偶数行、1なら奇数行とわかります。応用して、5行ずつ色付けするなどもできます。Webページのデザインや見やすさについても考えながらプログラミングしていきましょう！

()を使った演算

演算では算数や数学のように()を使うことができます。()がある部分は優先的に計算されます。testフォルダに次のプログラムを「priority.php」というファイル名で保存し、計算順序の確認をしましょう。

リスト4-6　()を使った計算（priority.php）

```
<?php
  echo 2 + 3 * 100 . "<br>"; // 3*100が先に計算され、302になる
  echo (2 + 3) * 100 . "<br>";        // 2+3が先に計算され、500になる
?>
```

実行結果

```
302
500
```


Check Test

Q1 除算の演算子はなんですか？

Q2 剰余（割り算の余り）を求める演算子はなんですか？

Q3 次の計算の結果はいくつですか？

```
100 / (5 * (10 / 2))
```

4 論理演算子

文字列型の結合と整数型・浮動小数点数型の演算はできましたが、論理型の演算はどうしたらよいでしょうか？

例えば現実世界でも問診票などでは、全部の回答が「はい」ならOK、回答のうち1つでも「はい」ならOKというように、はい・いいえの結果で評価を変えたいときがありますね。

TRUEとFALSEの2つの値しか持たない論理型についても演算をすることができます。

論理型の演算は、次の3つの演算子を使って行います。

演算子

演算	演算子	例	結果
論理積(AND)	&&	$a && $b	$aと$bが共にTRUEのときTRUE
論理和(OR)	||	$a || $b	$aか$bのどちらかがTRUEのときTRUE
否定(NOT)	!	!$a	$aがTRUEでないときTRUE（反転）

論理積 AND（A かつ B）

論理積ANDは、すべてがTRUEのとき結果がTRUEになります。1つでもFALSEが含まれていると結果はFALSEになります。

すべてTRUEのときTRUE、どちらかがFALSEならFALSE

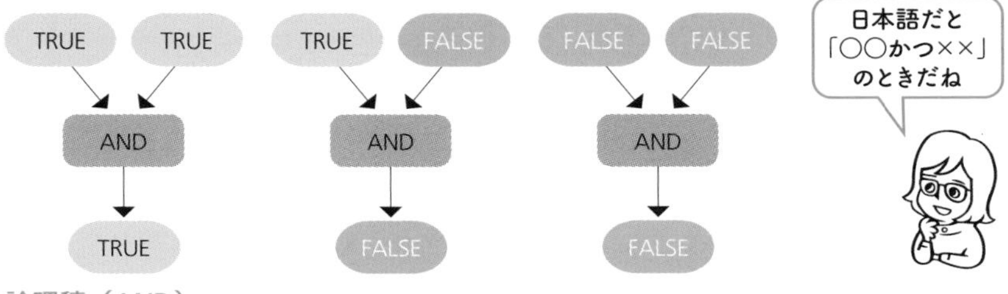

論理積（AND）

testフォルダに「and.php」を保存し、論理積の演算パターンについて確認しましょう。

リスト4-7 論理積の演算（and.php）

```
<pre>
<?php
  $true = TRUE;              // 確認のため変数に論理型を代入しておく
  $false = FALSE;

  $a = $true && $true;      // どちらもTRUEなのでANDの結果はTRUE
  $b = $true && $false;     // 片方がFALSEなのでANDの結果はFALSE
  $c = $true && $true && $true;     // 一度に複数の演算ができる。すべて⏎
TRUEなので結果はTRUE
  $d = $true && $false && $false;  // FALSEが含まれるので結果はFALSE
  $e = $true && ($true && $false); // カッコ内が先に演算されて結果はFALSE
  var_dump($a, $b, $c, $d, $e);    // 変数の中身をダンプ（そのまま表示）する
?>
```

実行結果

```
bool(true)
bool(false)
bool(true)
bool(false)
bool(false)
```

論理演算でも複数の変数を演算することができるほか、四則演算で使った()を論理演算でも使うことができます。$eのようにカッコを使うと、数学の計算と同じくカッコ内の演算が先に評価されてFALSEとなり、TRUEとカッコ内の結果であるFALSEのANDをとるので、結果はFALSEになります。

論理和 OR（A または B）

論理和ORは、1つでもTRUEのときに結果がTRUEになります。結果がFALSEとなるのは、演算対象すべてがFALSEのときだけです。

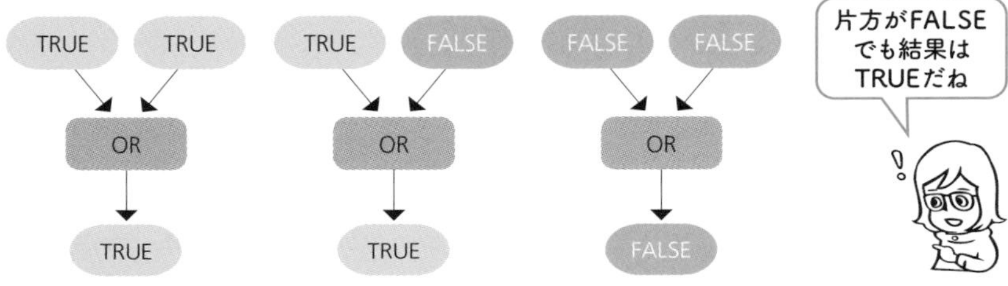

論理和（OR）

testフォルダに「or.php」を保存し、論理和の演算パターンを確認しましょう。

リスト4-8　論理和の演算（or.php）

```
<pre>
<?php
  $true = TRUE;                  // 確認のための準備
  $false = FALSE;

  $a = $true || $true;           // どちらもTRUEなので結果はTRUE
  $b = $true || $false;          // 1つTRUEなので結果はTRUE
  $c = $true || $true || $true;        // 複数の演算ができる。結果はTRUE
  $d = $true || $false || $false;      // 複数であっても1つTRUEなので⏎
結果はTRUE
  $e = $true || ($true || $false);     // カッコを先に演算し、結果はTRUE
  $f = $false || $false;               // TRUEが1つもないのでFALSE
  var_dump($a, $b, $c, $d, $e, $f);    // ダンプして確認する
?>
```

実行結果

```
bool(true)
bool(true)
bool(true)
bool(true)
bool(true)
bool(false)
```

論理積ANDと同様に、複数の変数の演算や、カッコを使った優先順位の変更もできます。

否定NOT（Aでない）

否定NOTは、TRUEをFALSEに、FALSEをTRUEに反転させます。

TRUEとFALSEが反転

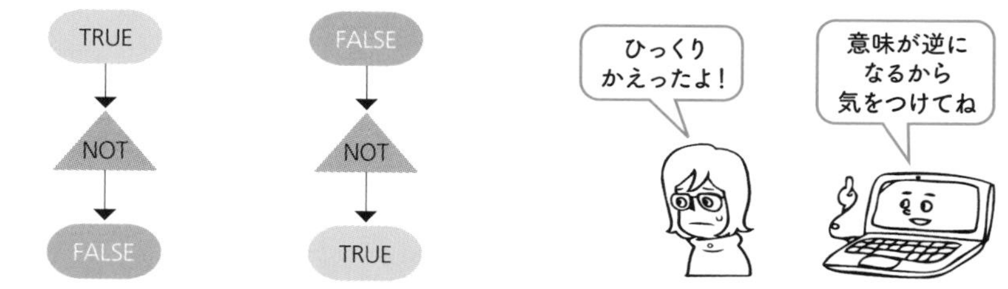

NOT（否定）

testフォルダに「not.php」と保存し、否定の演算を確認しましょう。演算子は「!」なので、フォントによってはプログラム中で見落としやすいので注意しましょう。演算子の有無で意味が真逆になってしまいます。

リスト4-9 否定の演算（not.php）

```
<pre>
<?php
  $true = TRUE;         // 確認のための準備
  $false = FALSE;

  $a = !$true;          // TRUEの否定なので結果はFALSE
  $b = !$false;         // FALSEの否定なので結果はTRUE
  $c = !$true && !$true;       // TRUEの否定はFALSEで、FALSEのANDはFALSE
  $d = !($true && $true);      // TRUEのANDはTRUEで、その否定のため結果はFALSE
  var_dump($a, $b, $c, $d);  // ダンプして確認
?>
```

実行結果

```
bool(false)
bool(true)
bool(false)
bool(false)
```

カッコを使った演算の反転の場合、カッコ内の演算が先に行われて結果はTRUEになり、それがNOT演算子により反転するため、最終的な結果はFALSEになります。

Check Test

以下の論理演算の結果はどうなりますか？

1. TRUE && TRUE
2. TRUE && FALSE
3. TRUE || TRUE
4. TRUE || FALSE
5. !TRUE
6. !FALSE
7. !(TRUE && FALSE)
8. !(TRUE && FALSE) && TRUE

第5章 制御構文

繰り返しと判断の処理をするには、専用の構文を使います。よく使う構文である、判断のifと繰り返しのfor、whileは特に重要です。はじめてプログラミングをする人がつまずきやすい部分なので、ゆっくり丁寧に学びましょう。

この章で学ぶこと

1 _ 繰り返しと判断はPHPにおまかせ!

2 _ if — 判断

3 _ for — 繰り返し

4 _ while — その間繰り返す

5 _ その他の構文

Introduction

5 ― 1

繰り返しと判断はPHPにおまかせ！

繰り返しと判断は、プログラムを書くときにとても重要な要素です。

ゴミの分別作業を例に考えてみましょう。いろいろな種類のゴミが入ったゴミ箱から、1つ1つゴミを取り出し、種類別に分けなくてはいけません。ペットボトル、空き缶、燃えるゴミ、燃えないゴミ……。これをゴミ箱が空になるまで続けます。

このように、「ゴミの分別」という仕事は、ゴミ箱からゴミがなくなるまで「繰り返し」、ゴミの種類を「判断」して分別する、という動作からなっています。

プログラムの世界でも、このように繰り返しと判断をする場面がたくさんあります。例えば、ブログの記事を一覧表示するのは「繰り返し」の作業ですし、新しい記事にNEWマークを付けるのは「判断」の作業です。コンピュータは人間と違って、繰り返しや判断といった作業が得意で、大変高速に行うことができます。

PHPを含むプログラミング言語には、このような作業を簡単に実現するための構文が用意されています。それが**制御構文**（せいぎょこうぶん）です。

制御構文にはいくつかの種類があります。いきなりすべて覚えるのは大変ですが、中でも判断の`if`、繰り返しの`for`や`while`は頻繁に使う構文なので重要です。頑張って理解していきましょう！

5 2 if — 判断

if構文（イフこうぶん）は、その名の通り「もし〜だったら」という動きを制御します。

例えばブログの投稿が1日以内ならNEWマークを付ける、といった処理を詳しく見ると、if構文を使って「もし投稿が1日以内なら」→「NEWマークを表示する」という処理になります。

if構文は次のように書きます。

構文 if構文

```
if (式) {
  処理
}
```

式の結果がTRUEだったら、{ }の中の処理を実行します。処理は何行でも書くことができます。

では、先ほど例に挙げた、「投稿が1日以内ならNEWマークを表示する」という処理を考えてみましょう。例えば次のようなプログラムになります。testフォルダにnew.phpを作成して確認しましょう。

リスト5-1 ブログの投稿日が新しければNEWマークを表示する（new.php）

```
<?php
  // 確認のために2021/2/12 15:30:00のブログ投稿日時を作る
  // mktimeという機能で、指定日時のタイムスタンプを作成する
  $blog = mktime(15, 30, 0, 2, 12, 2021);

  // 1日以内ならNEWマークを表示する
  if ($blog >= time() - 86400) {
    echo "NEW";
  }
?>
```

4行目のmktimeという機能を使うと、指定した日時をタイムスタンプ（UNIX

タイムスタンプ）という数字で取得することができます。mktimeはPHPにあらかじめ用意してある関数で、第7章で詳しく学びます。

タイムスタンプとは、1970年1月1日から指定日時までの通算秒数を表す数字です。

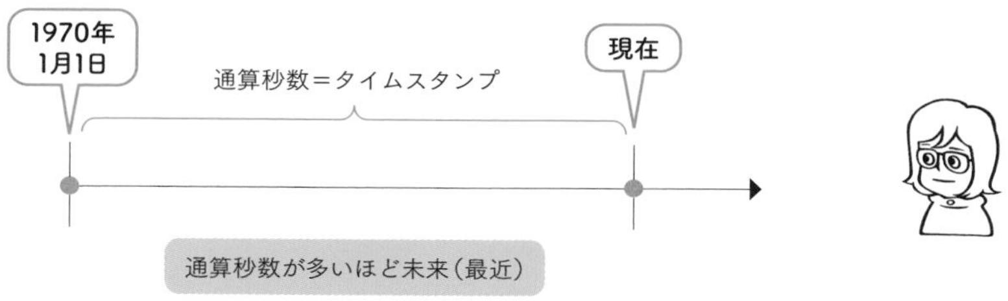

タイムスタンプ

mktimeのカッコの中は引数といいます。「時, 分, 秒, 月, 日, 年」の順で指定することで、作りたい時刻のタイムスタンプが取得できます。

```
// 2021年4月5日 3時20分30秒のタイムスタンプが表示される
echo mktime (3, 20, 30, 4, 5, 2021);
```

7行目では、作成したタイムスタンプ$blogと、time() - 86400を比較しています。time関数は現在のタイムスタンプを取得する関数です。86400というのは、60秒 * 60分 * 24時間、つまり1日の秒数です。

タイムスタンプは1970年からの通算秒数なので、現在時刻に近いほど数字が大きくなります。1日以内であるということは、ブログの投稿日が「現在時刻 - 86400秒」より大きい数字であるということですので、「$blog」と「現在時刻-86400秒」の大きさを比較すれば1日以内の記事かどうかがわかります。

比較演算子

「以内」を表すために使った「>=」という演算子のことを比較演算子といい

ます。比較演算子には次のような種類があります。

比較演算子

比較	演算子	例	結果
等しい	==	$a == $b	$aと$bが等しいときTRUE
等しい	===	$a === $b	$aと$bの型と値が等しいときTRUE
等しくない	!=	$a != $b	$aと$bが等しくないときTRUE
等しくない	!==	$a !== $b	$aと$bが等しくない、または違う型であるときTRUE
より少ない	<	$a < $b	$aが$bより少ないときTRUE
より大きい	>	$a > $b	$aが$bより大きいときTRUE
以下	<=	$a <= $b	$aが$b以下のときTRUE
以上	>=	$a >= $b	$aが$b以上のときTRUE

Note

代入が「=」なのに対し、等しいか比較するのは「==」です。if構文中で比較をしようとして「==」と書くつもりが、代入の「=」と書いてしまったときにもエラーは起きません。プログラムが期待通りに動かないときは、演算子の書き方を間違えていないか注意しましょう。
「===」および「!==」は、型と値が等しいか比較するときに使う厳密な演算子です。通常は「==」および「!=」の比較演算子を使えばよいでしょう。

この演算子を踏まえて、先ほどのプログラムの7行目を見てみましょう。if構文の式は複雑になってしまうことが多いですが、次のように比較演算子を挟んでグループに分けて考えると意味をつかみやすくなります。

```
if ( $blog >=  time() - 86400 )
```

ブログの投稿日時

1日前のタイムスタンプ
（現在時刻-1日の秒数）

if構文の条件式

「ブログの投稿日時 >= 1日前のタイムスタンプ」が成り立つとき（TRUE）、ifの構文のカッコ内の処理が実行されることがわかりますね！

else — ifでないときの判断

if構文を使うことで、「もし～だったら」の処理を書くことができました。では、「もし～だったらこうする。それ以外の場合はこうする」という処理はどう書けばいいでしょうか？

そんなときに使うのがelse構文（エルスこうぶん）で、if構文とセットで使います。次のように書きます。

構文 else構文

```
if ( 式 ){
  ifの条件に当てはまるときの処理
} else {
  ifの条件に当てはまらないときの処理
}
```

if構文では式の結果がTRUEだったときに最初のカッコ内の処理を実行しますが、その後ろにelse構文を続けることで、条件に当てはまらないときにも処理をさせることができます。

else構文の利用

例えば、お酒を購入する際に年齢が20歳以上なら買える、それ以外は買えないという処理をif else構文を使って表現してみましょう。testフォルダにif_else.phpを作成して確認してください。

リスト5-2 酒類購入時の年齢確認プログラム（if_else.php）

```
<?php
  $age = 23;
  if ($age >= 20){                              // もし20歳以上なら
    echo "お買い上げありがとうございます！";          // 購入できます
  } else {                            // それ以外、つまり20歳に満たない場合には
    echo "ご購入できません";           // 購入できません
  }
?>
```

実行結果

```
お買い上げありがとうございます！
```

5行目に、if構文の閉じカッコの次にelse構文があります。else構文のカッコ内の処理は、if構文の式の判定結果がFALSEだったときに実行されます。

$ageの年齢を変更したり、if構文の式を変更したりして、動きと比較演算子の動きをつかみましょう。

else if ― 複数条件

else if構文（エルス イフこうぶん）は、if構文の式に当てはまらなかったときに、再度条件を評価するために使います。else if構文の式にも当てはまらない場合はelseの内容が実行されます。次のように書きます。

構文 else if構文

```
if ( 式1 ){
  式1の条件に当てはまるときの処理
} else if ( 式2 ){
  式1の条件に当てはまらないが、式2の条件に当てはまるときの処理
}
```

else if構文はいくつも設定することができます。

```
if ( 式1 ){
  式1の条件に当てはまるときの処理
} else if ( 式2 ){
  式1の条件に当てはまらないが、式2の条件に当てはまるときの処理
} else if ( 式3 ){
  式1、式2の条件に当てはまらないが、式3の条件に当てはまるときの処理
}
```

if、else if、elseの複合

else if構文が含まれているときでも、「どの条件にも当てはまらないとき」の処理はelse構文で書くことができます。else構文には受け皿のような役割があります。

testフォルダにelseif.phpを作成し、お酒を購入する際の次の状況をプログラムで表現してみましょう。

- 未成年は購入できない
- 20歳から25歳の人は年齢確認が必要
- 26歳以上の人は購入できる

リスト5-3 20歳から25歳まで年齢確認をする（elseif.php）

```
<?php
  $age = 23;
  if ($age < 20){         // 未成年は購入できない
    echo "購入できません";
  } else if ($age <= 25){ // 20～25歳は年齢確認が必要
    echo "年齢確認が必要です。";
  } else {                // 未成年でも20～25歳でもない
    echo "購入できます";
  }
?>
```

第5章 制御構文

実行結果

```
年齢確認が必要です。
```

このプログラムでは、$ageが23なので、3行目の式は「23 < 20」が成り立たずFALSEになります。するとはじめの処理を実行せず飛ばして、次の条件は、5行目のelse if構文になります。

5行目の式は、$ageが25以下の場合TRUEになります。はじめのif構文の条件に当てはまらないとき、つまり20以上のときにこの条件式の評価が行われるため、結果的に「20歳以上 25歳以下」であるか確認する条件式になります。今回$ageは23なので、この条件に当てはまり、6行目の処理を実行します。7行目のelseには該当しないため、8行目の処理は実行せずにif構文のブロックを抜けます。

Column

条件の順序に気を付けよう

if、else ifの条件は、一度評価されたらそのブロックを抜けます。次のプログラムを見てください。これは、$ageに入れた年齢が20歳以上か10～19歳かを表示するプログラムです。

```
if ($age >= 20) {        // 条件A：20歳以上か？
  echo '20歳以上';       // 処理A
} else if ($age >= 10){       // 条件B：10歳以上か？
  echo '10歳以上';       // 処理B
}
```

この場合、条件Aに該当したら処理Aを実行し、条件Bに当てはまるかどうかの確認を行わずにif構文のブロックを抜けます。
このプログラムの条件Aと条件Bを入れ替えて、$ageが30だったときはどのような動きになるでしょうか？　実際に動かしてみてください。
条件式の順序に気を付けないと、期待通りに動かないことがわかります。

Check Test

Q1 次のmktime関数で作られるタイムスタンプは、いつの日時を表していますか？

```
mktime(20, 56, 30, 2, 12, 2014);
```

Q2 次のプログラムについて、おかしい部分を挙げてください。

```
if ($a >= 10){
  echo '10以上';
} else if ($a >= 30){
  echo '30以上';
}
```

5 3 for — 繰り返し

for構文(フォーこうぶん)は、ループ（繰り返し）を行います。英語のforに「〜の間」という意味があるように、for構文も「〜の間繰り返す」という働きがあります。例えば、ブログ記事の一覧表示をしたいときなどに使います。for構文は次のように書きます。

構文 for構文

```
for ( 式1; 式2; 式3 ){
    処理内容
}
```

式1、式2、式3の区切りに使うのはカンマ(,)ではなくセミコロン(;)なので、入力ミスに気を付けましょう。

for構文は、はじめに式1を実行します。そして、式2を評価してTRUEの場合、カッコ内にある処理を実行します。処理が終わると式3を実行し、また式2を評価してTRUEならカッコ内を実行する……というように、ループを行います。

for構文は式が3つもあって覚えにくいのが難点ですが、たいていの場合は次のような役割を果たしています。

- 式1：処理の前に一度だけ行う下準備。「初期化式」として変数の初期化によく使われる
- 式2：カッコ内の処理が実行されるための「継続条件」を設定する。式1で初期化した変数がどういう条件のときにTRUEになるか指定することが多い
- 式3：繰り返し処理の終わりごとに実行される。式1で初期化した変数をいくつ刻みで増減するか指定することが多い

では、testフォルダに次のfor.phpを置き、1から10までの数字を表示してみましょう。

リスト5-4 for構文で1から10まで表示する（for.php）

```
<?php
  for ($i = 1; $i <= 10; $i = $i + 1){
    echo $i . "<br>";
  }
?>
```

実行結果

```
1
2
3
4
5
6
7
8
9
10
```


このプログラムの式1は、変数$iに1を入れて初期化しています。

式2によると、$iが10以下のときTRUEになります。変数$iの中身は1なので、10以下という条件を満たしていますから、カッコ内の3行目の処理が実行され、$iの値が表示されます。
というのはHTMLで改行を表しています。

表示の処理が終わったら式3を実行し、$iの値を1増やします。

そしてまた式2の評価を行います。$iが2になりましたが、10以下のため再度表示の処理が行われます。

繰り返し処理はわかりにくいですね。展開して動きを確認しましょう。

for構文は1ステップずつ理解しよう

$iの値と式2の評価結果

状態	$iの値	式2の評価	表示結果	式3の結果
ループ開始前	1			
	1	1 <= 10 でTRUE	1	$i+1→2
	2	2 <= 10 でTRUE	2	$i+1→3
	…	…	…	…
	10	10 <= 10 でTRUE	10	$i+1→11
	11	11 <= 10 でFALSE		
ループ終了時	11			

このように、式2の評価結果がTRUEの間、ループの処理が実行され、その処理の後に式3が実行されます。式2の評価がFALSEになるとそこでループが終了します。

注意したいのが、1から10までループしたつもりでも、`for`構文が終わった後の`$i`の値は11になっているという点です。式2の評価で`$i`が10を超えてはじめてループの処理が終わりますが、そのときにはもう10回目のループの式3により`$i`に1が加算されているからです。

インクリメントとデクリメント

式3は`$i`を1増やす処理をしていますが、内容としては`$i`に1を足して再代入するだけなので、なんだか冗長な感じがしませんか？　加算減算して再代入するには、加算子、減算子と呼ばれる演算子を使った簡単な書き方をします。

加算子と減算子

名称	例	意味	結果
加算子（後置加算子）	$a++	$a = $a + 1	$aに1を加算して再代入（インクリメント）
減算子（後置減算子）	$a--	$a = $a - 1	$aから1を減算して再代入（デクリメント）

先ほどのプログラムの式3を、加算子を使って書き換えてみましょう。見た目にもスッキリします。

```
for ($i = 1; $i <= 10; $i++){
```

このように、変数に1加算することを**インクリメント**（increment、増加）、1減算することを**デクリメント**（decrement、減少）といいます。

カレンダー

`for`構文と`if`構文の組み合わせで、簡単なカレンダーを作ることができます。testフォルダに次のようなcalendar.phpを作成し、表示させてみましょう。

リスト5-5 カレンダー（calendar.php）

```
<?php
  for ($i = 1; $i <= 31; $i++){
    echo $i . " ";
    if ($i % 7 == 0){
      echo "<br>";
    }
  }
?>
```

実行結果

```
1 2 3 4 5 6 7
8 9 10 11 12 13 14
15 16 17 18 19 20 21
22 23 24 25 26 27 28
29 30 31
```

このfor構文は、$iが1から31までの間、$iをインクリメントするという意味です。日付である$iを出力するとき、「 」という文字列も一緒に出力します。これは**実体参照**（じったいさんしょう）といい、HTMLで特殊な文字を表すときの表現方法で、半角スペースを表しています。

if構文は、日にちを表す$iを7で割った余りが0だったときに1週間の終わりと判断し、改行タグを表示しています。

各構文はこのように入れ子にすることができますが、どのカッコどうしがペアなのかわかるようにインデントをしっかり行いましょう。

Check Test

Q1 for構文についての説明です。空欄を埋めてください。

for構文の式1には変数の　A　を、式2には　B　、式3にはループごとの処理を指定する。

```
for ( 式1; 式2; 式3 ){ ・・・ }
```

Q2 ある変数に1加算することをなんといいますか？

Q3 ある変数から1減算することをなんといいますか？

5 4 while ― その間繰り返す

while構文（ワイルこうぶん）は、英語の通り「～の間、～する」という意味のループです。

for構文でのループは$iが10になるまで、のようにループの回数が決まっていましたが、while構文では条件が成り立つ間ずっとループします。

while構文は次のように書きます。

構文 while構文

```
while ( 条件式 ){
  処理内容
}
```

while構文は、条件式の評価結果がTRUEのときにカッコ内の処理を実行します。実行し終えるとまた条件式の評価を行い、評価結果がFALSEになるとループを終了してカッコを抜けます。

条件式がTRUEの間繰り返し続けるため、for構文と違ってあらかじめ何度処理内容が実行されるか確定していません。最初に式を評価したときにFALSEだった場合、一度も処理内容が実行されないままループが終了することもあります。

では、次のプログラムをtestフォルダに置き、while構文を使って1から10まで数字を表示してみましょう。

リスト5-6 while構文で1から10まで表示する（while.php）

```
<?php
  $i = 1;                 // 表示する変数の初期化
  while ($i <= 10){       // $iが10以下のときTRUE
    echo $i ."<br>";      // 表示
    $i++;                 // $iをインクリメント
  }
?>
```

第5章 制御構文

実行結果

```
1
2
3
4
5
6
7
8
9
10
```

このプログラムでは、1回目のwhileループのとき$iの値は1です。while構文の評価式「$i <= 10」が成り立つため、表示処理が実行されます。

$iの値をカウントアップして表示したいので、表示処理の後で$iをインクリメントします。すると$iの値は2になります。そしてまたwhile構文の評価式に戻ります。

処理が進み、$iが10になると、while構文の評価式は「10 <= 10」になります。この評価はTRUEなので、同じように表示処理が実行され、$iが11になります。これまでと同様、while構文の評価式まで戻って評価が行われますが、今度は「11 <= 10」という条件式になるため、結果はFALSEになり、ループは終了してカッコを抜けます。

while構文の使いどころ

while構文は、総量がどれほどあるかわからないデータを表示するときなどに便利です。

例えば、何件あるかわからないブログ記事のタイトル名を一覧表示する場合などに使えます。

《 Memo 》

無限ループ

While構文はうっかり無限ループに陥りやすい構文です。例えば、次のようなプログラムの場合、条件式が常に1、つまり常にTRUEとなってしまうため、ループが終了しません。

```
<?php
while (1) {
  echo "大変！";
}
?>
```

PHPは終了しないまま30秒ほどすると、埒(らち)が明かないと判断して自動的にプログラムが終了します。これをタイムアウトといいます。規定の秒数レスポンスを待ったけれども返事がないので終了するという処理です。
このプログラムの場合、延々と画面に「大変！大変！…」と表示されてしまいます（ブラウザの表示処理が追いつかずに画面が真っ白のままになったり、ブラウザが強制終了したりする場合もあります）。
こういったループが止まらないことを無限ループといい、こういった状況に陥ると、サーバに負荷がかかってしまいます。インターネット上にプログラムを公開する前に、ローカルホスト内で十分にテストしましょう。
この30秒というタイムリミットは、PHPの設定で変更できるほか、「他のプログラムは30秒でもいいけど、このプログラムは時間がかかっても全部実行したいなあ」というときには、プログラム単位でタイムリミットを設定することもできます。

Check Test

Q1 次のプログラムを実行すると、「PHP」と何回表示されますか？

```
$i = 0;
while ($i < 3){
  echo "PHP<br>";
  $i++;
}
```

Q2 while構文の式に数値で「1」と指定するとどうなりますか？

5　その他の構文

if、for、while以外にも、PHPには便利な構文があります。他の人が書いたプログラムを見たときに読めるよう、基本的な部分について理解しておきましょう。

switch

switch構文（スイッチこうぶん）は、if構文をいくつも並べたものによく似ています。場合によって処理を振り分けたいときに使います。

switch構文は次のように書きます。

構文　switch構文

```
switch (値){
  case 条件:
    条件に当てはまるときの処理内容
  break;
  ⋮case～breakは複数書ける
  default:
    どの条件にも当てはまらないときの処理内容
}
```

はじめのswitchのカッコには、評価したい値を書きます。たいていの場合、変数になるかと思います。

次からのcaseは条件を書きます。条件に合う場合、次にbreakが出るまで処理内容が実行されます。case～breakは複数書くことができます。どの条件にも当てはまらない場合の処理を書きたい場合は、default以下に処理を書きます。

switch構文はその名の通りスイッチ（切り替える）するための構文です。条件によってこのケース、あのケースというように、振り分けスイッチの役割をしているのです。

if構文の書き換え

ifを構文で書かれたプログラムを、switch構文で書き換えてみましょう。testフォルダに次のプログラムを置いて、同じ動作になるか確認します。

リスト5-7 if構文をswitch構文に書き換える（if_switch.php）

```
<?php
  $i = 0;
  if ($i == 0){
    echo "if構文：iは0に等しい<br>";
  } else if ($i == 1){
    echo "if構文：iは1に等しい<br>";
  } else {
    echo "if構文：iは0と1のどちらでもない<br>";
  }

  switch ($i){
    case 0:
      echo "switch構文：iは0に等しい<br>";
      break;
    case 1:
      echo "switch構文：iは1に等しい<br>";
      break;
    default:
      echo "switch構文：iは0と1のどちらでもない<br>";
  }
?>
```

実行結果

```
if構文：iは0に等しい
switch構文：iは0に等しい
```

$iの値が0なので、if構文では3行目、switch構文では12行目に該当し、その処理が行われました。

もしbreakを忘れてしまったらどうなるでしょうか？　testフォルダに次のプログラムを置いて実験してみましょう。

リスト5-8　breakがない場合のcase以下の処理（no_break.php）

```
<?php
  $i = 0;
  switch ($i){
    case 0:
      echo "iは0に等しい<br>";
    case 1:
      echo "iは1に等しい<br>";
  }
?>
```

実行結果

```
iは0に等しい
iは1に等しい
```

breakがないので、そのまま処理が進んでしまいます。PHPでは条件に合うcase文が見つかると、switchブロックの終わりか、break文がくるまで処理を続ける仕組みになっています。

また、このプログラムにはdefault文がありません。このため、$iの値が0でも1でもなかった場合、どこにも該当しないので、処理を行わずにswitchブロックを抜けます。

break文は、使わないという明確な意図がない限り、忘れずきちんと書きましょう。

空のcase

switch構文では、空のcase文を使うこともできます。testフォルダに次のプログラムを置いて実行してみましょう。

リスト5-9　空のcase内処理（brank_case.php）

```
<?php
  $i = 0;
  switch ($i){
    case 0:
    case 1:
      echo "iは0か1です<br>";
      break;
```

```
    case 2:
      echo "iは2です<br>";
      break;
  }
?>
```

実行結果

```
iは0か1です
```

case 0とcase 1で、case文が連なっています。$iの値が0や1のときは「iは0か1です」と表示され、break文でswitchブロックを抜けます。$iが2のときは「iは2です」と表示されます。

$iの値を変更して、動きを確認してみましょう。

do-while

do-while構文(ドゥワイルこうぶん)は、while構文の仲間です。

while構文では、処理ループに入る前に条件式のチェックを行います。このため、条件式に当てはまらない場合、一度も処理が実行されずにループを抜ける場合があります。

do-while構文では、条件式のチェックがループの後になっています。そのため、必ず一度は処理が実行されるループを作ることができます。

do-while構文は次のように書きます。

構文 do-while構文

```
do {
  処理内容
} while ( 条件式 );
```

このループでは、まずdoのカッコ内の処理を行います。処理が終わると、whileのカッコにある条件式の評価を行います。評価結果がTRUEの場合は処理内容を再度実行し、FALSEになるとループを終了してカッコを抜けます。

構文の条件式の後ろに付いているのはセミコロン（;）です。忘れないようにしましょう。

Check Test

Q1 switch構文中にbreakがあったとき、どのような動きをしますか？

Q2 switch構文中におけるdefaultの役割はなんですか？

Q3 $iが10から1まで1刻みにカウントダウンして$iを表示するには、どうしたらいいですか？　for構文、while構文を使ってそれぞれ書いてみましょう。

Q4 次のプログラムを実行すると、画面にはどのような表示がされますか？

```
<?php
  $i = 2;
  while ($i < 2){
    echo "whileループの例題です。<br>";
    $i++;
  }
  echo "whileループを抜けました。";
?>
```

Q5 次のif構文で書かれた処理をswitch構文で書き直してみましょう。

```
if ($total == 10){
  echo "10";
} else if ($total == 20){
  echo "20";
} else {
  echo "その他";
}
```

第6章

配列

プログラム内で似たデータを扱うとき、変数を1つずつ用意するのは大変な手間です。そんなとき、配列を使って変数をまとめて扱えるようにしましょう。配列と制御構文を組み合わせることで、データの扱いがより便利になります。

この章で学ぶこと

1 __配列とは

2 __配列を使おう— 一次元配列

3 __少し複雑な配列 — 多次元配列

4 __連想配列

5 __制御構文と配列

Introduction

6-1 配列とは

例えば、同じクラスの友人の名前を変数に代入する場合を考えてみます。`$friend1`、`$friend2`……というような変数名にすると、データが増えるたびにどんどん変数を増やさなければならず、面倒です。「友達1」「友達2」という独立した変数に代入するよりも、「友達」という変数にまとめて代入できたら便利ですね。

これを実現するのが**配列**（はいれつ）です。関連性のあるデータをまとめておきたいときに使います。

変数が値を格納するボックスなら、配列はボックスがいくつも連なった状態です。「`$friends`」という名前の配列に、5人の友人の名前を格納する場合は、次のようなイメージです。

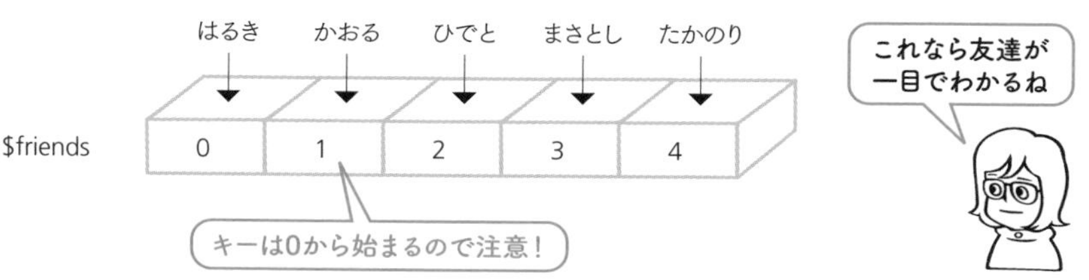

配列のイメージ

配列の要素であるボックスそれぞれに、普通の変数のように値を代入することができます。また、それぞれのボックスを区別するために**キー（添字）**（そえじ）という番号が振られています。キーは0から始まります。

Check Test

Q1 配列についての説明です。空欄を埋めてください。

配列はボックスが連なったようなデータ形式で、要素を指定するキーは　A　から始まる。

Q2 配列の利用例についての説明です。空欄を埋めてください。

配列は、　A　のあるデータをまとめておくのに利用される。

6 2 配列を使おう— 一次元配列

配列の作成

配列名は、普通の変数名と同様に$から始まります。配列のボックスはいくつも増やすことができ、ボックス番号の指定は[]（角カッコ）とキーで行います。キーは0から始まりますので、ボックス数が5であればキーは0から4になります。本節で作成するような配列は、後に解説する複雑な配列（多次元配列）に対して、一次元配列と呼ばれます。

配列を作成するにはいくつかの方法がありますが、ここではarray（ずらりと並んでいるという意味）という関数を使って配列を作成してみます。値をカンマ区切りで指定します。関数については第7章で詳しく学びますが、ここでは関数=機能と考えておいてください。

まずは、名前が入った配列を作ってみましょう。testフォルダに次のプログラムを置いて実行してください。

リスト6-1 array関数による配列の作成（make_array_1.php）

```
<pre>
<?php
  // array関数で配列を作成する
  $friends = array("はるき", "かおる", "ひでと");
  var_dump($friends); // 配列の中身を確認
?>
</pre>
```

実行結果

```
array(3) {
  [0]=>
  string(9) "はるき"
  [1]=>
```

```
  string(9) "かおる"
  [2]=>
  string(9) "ひでと"
}
```

<pre>~</pre>は、HTMLでテキストをそのまま表示できるタグです。var_dumpの結果を、インデント付きでそのまま表示するのに便利なので、開発中に変数の中身を確認するときなどに使いましょう。

PHP 5.4からは、配列の短縮構文も追加され、array()の代わりに[]を使えるようになりました。こちらのプログラムは、先ほどのプログラムと同じ結果になります。同様にtestフォルダに置き、実行結果を見比べましょう。

リスト6-2 []による配列の作成（make_array_2.php）

```
<pre>
<?php
  // []で配列を作成する
  $friends = ["はるき", "かおる", "ひでと"];
  var_dump($friends); // 配列の中身を確認
?>
</pre>
```

実行結果

```
array(3) {
  [0]=>
  string(9) "はるき"
  [1]=>
  string(9) "かおる"
  [2]=>
  string(9) "ひでと"
}
```

実行結果を見ると、array関数で指定した順にキーが0から割り当てられていることがわかります。今回は名前（文字列）で配列を作りましたが、もちろん数字でもいいですし、さらに変数を格納することもできます。

$friendsの0番目は、$friends[0]と表現します。キーは0で、値は「はるき」です。同様に、$friends[1]はキーが1で値が「かおる」です。

値の追加

作成した配列に値を追加するにはいくつかの方法がありますが、まずは空の[]を使って追加してみましょう。

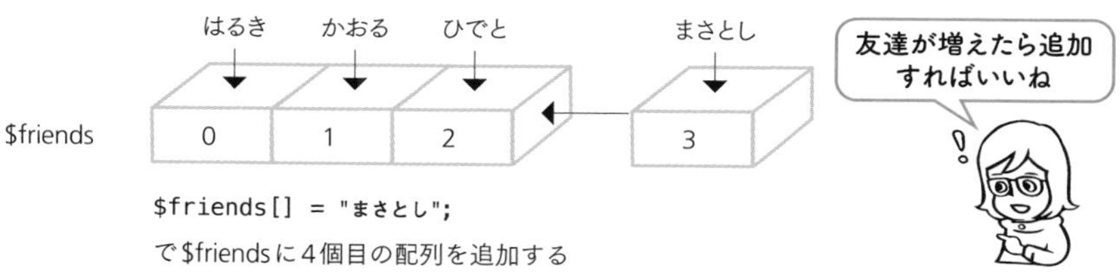

配列に値の追加をする

プログラムでは次のように書きます。testフォルダに次のファイルを置き、動作を確認しましょう。

リスト6-3　配列に値を追加する（add_array_1.php）

```
<pre>
<?php
  // 配列の作成、$friends[0]～$friends[2]ができる
  $friends = array("はるき", "かおる", "ひでと");
  $friends[] = "まさとし";          // $friends[3]に作成・代入する
  var_dump($friends);               // 中身を確認
?>
</pre>
```

実行結果

```
array(4) {
  [0]=>
  string(9) "はるき"
  [1]=>
  string(9) "かおる"
  [2]=>
  string(9) "ひでと"
  [3]=>
  string(12) "まさとし"
}
```

空の [] を使って値を追加すると、キーは自動的に3が割り当てられます。

この他、新しいキーを指定して値を追加することもできます。testフォルダに次のファイルを置いて確認してください。

リスト6-4 キーを指定して値を追加する（add_array_2.php）

```
<pre>
<?php
  // 配列の作成、$friends[0]～$friends[2]ができる
  $friends = array("はるき", "かおる", "ひでと");
  // キーを指定して値を追加する。キーは飛び飛びの値でもOK
  $friends[5] = "まさとし";
  // 存在するキーを指定すると値が上書きされる
  $friends[2] = "よしき";
  var_dump($friends);
?>
</pre>
```

実行結果

```
array(4) {
  [0]=>
  string(9) "はるき"
  [1]=>
  string(9) "かおる"
  [2]=>
  string(9) "よしき"
  [5]=>
  string(12) "まさとし"
}
```

4行目で`array`関数を使って配列を作成した後、6行目のようにキーを指定して値を追加することができます。キーは飛び飛びの値でもかまいません。

8行目のように、もしすでに存在するキーを指定すると値が上書きされます。

配列はとても便利で強力な機能なので、この他にも関連する関数がたくさんあります。配列に値を追加する専用の関数もありますし、キーを振り直すものや、配列を分割するものなど……。はじめのうちは基本的な、作る・代入する・上書きするといった操作をしますが、慣れてくると配列関数を使う機会が増えることでしょう。ぜひマニュアルを読んで、便利な関数を見つけてください！

6 — 3

少し複雑な配列 — 多次元配列

先ほどは友人の名前を配列に格納しましたが、どんどんボックスを増やしていけるところが便利でしたね。

では、例えば学校の生徒名簿を作る場合、複数のクラスごとにそれぞれ生徒がいる場合はどのようにデータを保管したらよいでしょうか？

こういうときに、配列の配列である**多次元配列**(たじげんはいれつ)を使います。基本的には配列の考え方と同じですが、配列のボックスの中にさらに配列を代入することで、より柔軟にデータを保管していきます。

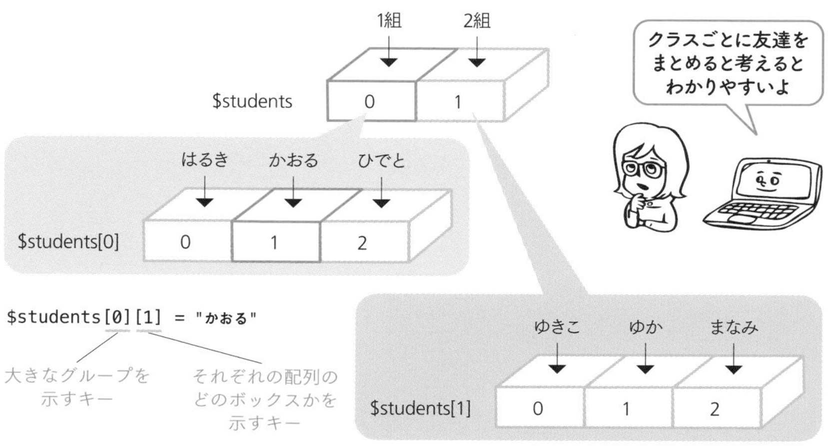

多次元配列

この多次元配列には2つのキーがあります。1つ目のキーは大きなグループを示すもので、クラスを表しています。2つ目のキーは各グループのボックスを示し、クラス名簿の何番目かを表しています。

例えば上の図でいうと、`$students[0][1]`が示すのは`$students[0]`の中に入っている配列の1番目の要素である「かおる」になります。

この図をプログラムで表すと次のようになります。testフォルダに置いて、実行結果を確認しましょう。

リスト6-5 配列の配列（array_array.php）

```
<?php
  $class1 = array("はるき", "かおる", "ひでと");
  $class2 = array("ゆきこ", "ゆか", "まなみ");
  $students = array($class1, $class2);
  var_dump($class1);
  var_dump($class2);
  var_dump($students);
?>
```

このように、配列に配列を入れ子にできます。配列の配列にさらに配列を入れる、といった多次元配列もできます。多次元配列は複雑なので、まずは基本である普通の配列からマスターして、徐々に慣れていきましょう。

Check Test

Q1 複雑な配列に関する説明です。空欄を埋めてください。

配列が入れ子になっているものを [A] という。

Q2 次の配列で、「イチゴ」を表す変数名はなんですか？

```
$fruit[0] => [0] => "レモン"
             [1] => "バナナ"
             [2] => "イチゴ"
      [1] => [0] => "りんご"
             [1] => "みかん"
```

6 4 連想配列

場合によっては、キーが数字ではなく文字列のほうが直感的にわかりやすいときがあります。例えば、5教科のテストの成績を配列で表現したいとき、キーが数字だと配列の何番目がどの教科なのか見ただけで判断できず、混乱を招く場合があります。

こうしたとき、キーから中身を連想しやすい**連想配列**（れんそうはいれつ）が便利です。

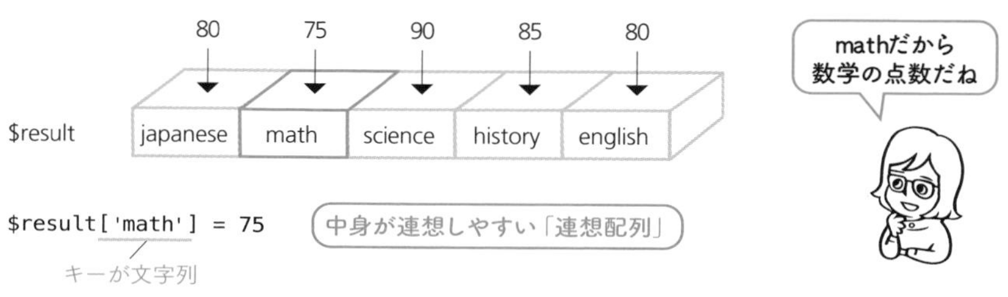

連想配列

連想配列のキーは文字列なので、ダブルクォーテーション（"）またはシングルクォーテーション（'）で囲みます。使い方は配列と同じですが、「`$result`の0番目の点数」より「`$result`のenglish番目の点数」のほうが、どんな値が入っているか連想しやすくて便利ですね。

では、連想配列の使い方を確認していきましょう。

連想配列の作成

連想配列も、通常の配列と同様に作成します。testフォルダに次のプログラムを置き、連想配列の作成をしてみましょう。

リスト6-6 連想配列の作成（make_associative.php）

```
<pre>
<?php
  // array関数で連想配列を作成する
  $result1 = array(
    "Japanese" => 80,
    "math" => 75,
    "science" => 90
  );
  var_dump($result1);
  // []で配列を作成する
  $result2 = [
    "history" => 85,
    "English" => 80
  ];
  var_dump($result2);
?>
</pre>
```

実行結果

```
array(3) {
  ["Japanese"]=>
  int(80)
  ["math"]=>
  int(75)
  ["science"]=>
  int(90)
}
array(2) {
  ["history"]=>
  int(85)
  ["English"]=>
  int(80)
}
```

このように、通常の配列と同様に、array関数や[]での配列の作成ができます。

連想配列を作成するときは、通常の配列と違って「キー => 値」という形式で指定します。この「=>」のことを**ダブルアロー演算子**（えんざんし）といいます。各配列要素は通常の配列のように続けて書くことも可能ですが、改行してインデントを付けると見やすくなります。

値の追加と上書き

通常の一次元配列と同様に、キーを指定して代入すれば値の追加ができます。すでに存在しているキーを指定して代入すると、値が上書きされます。

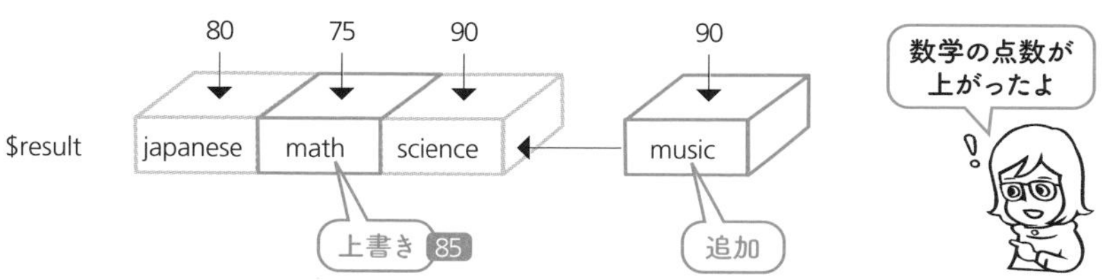

連想配列の追加

testフォルダに次のプログラムを置いてください。この図のように連想配列を作成し、mathの点数の上書きと、musicの点数を追加してみましょう。

リスト6-7 値の追加と上書き（add_associative.php）

```
<pre>
<?php
  // 基本の連想配列を作成
  $result = array(
    "Japanese" => 80,
    "math" => 75,
    "science" => 90
  );
  var_dump($result);  // 連想配列の確認

  // mathの点数を上書き
  $result["math"] = 85;
  var_dump($result);

  // musicの点数を追加
  $result["music"] = 90;
  var_dump($result);
?>
</pre>
```

実行結果

```
array(3) {
  ["Japanese"]=>
  int(80)
  ["math"]=>
  int(75)
  ["science"]=>
  int(90)
}
array(3) {
  ["Japanese"]=>
  int(80)
  ["math"]=>
  int(85)
  ["science"]=>
  int(90)
}
array(4) {
  ["Japanese"]=>
  int(80)
  ["math"]=>
  int(85)
  ["science"]=>
  int(90)
  ["music"]=>
  int(90)
}
```

　このように、通常の配列と同様に、連想配列へ値の追加や上書きをすることができます。

　連想配列も配列の仲間ですから、連想配列や配列のそれぞれのボックスには、値だけでなくさらに配列を代入することができます。次のプログラムを見てみましょう。

リスト6-8　連想配列に連想配列を代入（associative_in_associative.php）

```
<pre>
<?php
  // テスト結果を連想配列にする
  $result = array("math" => 90, "English" => 80);

  // 連想配列$friendsにテスト結果の連想配列を代入
  $friends = array("Haruki" => $result);
```

```
  var_dump($friends); // 結果を確認

  // 連想配列にキーを指定して追加し、値として連想配列を代入
  $friends["Kaoru"] = array("math" => 95, "English" => 85);
  var_dump($friends); // 結果を確認
?>
</pre>
```

実行結果

```
array(1) {
  ["Haruki"]=>
  array(2) {
    ["math"]=>
    int(90)
    ["English"]=>
    int(80)
  }
}
array(2) {
  ["Haruki"]=>
  array(2) {
    ["math"]=>
    int(90)
    ["English"]=>
    int(80)
  }
  ["Kaoru"]=>
  array(2) {
    ["math"]=>
    int(95)
    ["English"]=>
    int(85)
  }
}
```

配列や連想配列は、どちらもPHPのプログラムで頻繁に使われる重要な機能です。何度もプログラムを書いて、その特性を理解しましょう！

Check Test

Q1 連想配列を作成するとき、
次の空欄に当てはまる演算子はなんですか？

```
$results = array('math' [ A ] 30);
```

Q2 次の連想配列で、「80」の入った要素を表す変数名はなんですか？

```
$result = array(
  'math' => 50,
  'english' => 80,
  'japanese' => 70
);
```

6 5 制御構文と配列

関連性のあるデータをまとめたものが配列ですから、その配列を利用するときも、まとめて処理できたほうが便利ですよね。配列と制御構文を組み合わせて使ってみましょう。

for構文と配列

まずは、キーが数字となっている配列を、for構文を使って全部表示してみます。次のプログラムをtestフォルダに置いて実行してみましょう。

リスト6-9 for構文で配列の値を出力（for_array.php）

```
<?php
  $friends = array("はるき", "かおる", "ひでと");
  for ($i = 0; $i < 3; $i++){ // $iが0から3未満（0～2）のループ
    echo $friends[$i]."<br>"; // $friendsの指定要素を表示
  }
?>
```

実行結果

```
はるき
かおる
ひでと
```

array関数でキーを指定しなかった場合、配列のキーは0から始まりますので、$friendsのキーは0、1、2になっています。for構文では$iが0から2までのループを示しており、配列のキーとして$iを指定しています。

foreachと連想配列

では、連想配列のときはどうでしょうか？　キーが文字列なので、単純にfor構文でキーをインクリメントして指定することができません。

そんなときに便利なのが、foreach構文（フォーイーチこうぶん）です。配列のそれぞれ（each）についてforするという意味の構文です。配列が存在する分だけループさせるにはこれを使いましょう。

構文　foreach構文

```
foreach (配列 as ループ内変数名){
  処理
}
```

配列のデータをループ内変数名としてforeachの処理内で利用することができます。「ループ内変数名"として"」というのがasの意味です。

次のプログラムは、3教科の点数を格納した連想配列をforeach構文で表示しています。testフォルダに置いて実行結果を確認してください。

リスト6-10　foreach構文で連想配列の値を出力（foreach.php）

```
<?php
  $results = array(
    "math" => 90,
    "english" => 80,
    "japanese" => 85
  );
  foreach ($results as $score){
    echo $score . "<br>";
  }
?>
```

実行結果

```
90
80
85
```

しかし、これではどの教科が何点だったのかわかりにくいので、キーも表示してみましょう。連想配列のキーをforeach構文で利用するには、次のように書きます。

```
foreach (配列 as ループ内でのキー変数名 => ループ内変数名){
  処理
}
```

今度は、配列をキー変数名とループ内変数名に、アロー演算子で分けています。こうすることで、foreachの処理内でキー名も利用することができます。

先ほどのプログラムを、キー名も表示するように変更してみましょう。

リスト6-11 foreach構文で連想配列のキーと値を出力（foreach_key.php）

```
<?php
  $results = array(
    "math" => 90,
    "english" => 80,
    "japanese" => 85
  );
  foreach ($results as $title => $score){
    echo $title . ":" . $score . "<br>";
  }
?>
```

実行結果

```
math:90
english:80
japanese:85
```

foreach構文は連想配列に便利な構文ですが、もちろん通常の配列にも使えます。次のプログラムは、数字の配列を10倍するプログラムです。

リスト6-12 foreach構文で通常の配列を操作（foreach_array.php）

```
<pre>
<?php
```

```
  $numbers = array(2, 4, 6);
  foreach ($numbers as $key => $value){
    $numbers[$key] = $value * 10;     // 10倍して元の配列要素に代入し直す
  }
  var_dump($numbers);     // 10倍になったか確認
?>
</pre>
```

実行結果

```
array(3) {
  [0]=>
  int(20)
  [1]=>
  int(40)
  [2]=>
  int(60)
}
```

作成した配列のキーは、特に指定していませんでしたので、0から順に自動的に割り当てられています。foreachループをする際、自動で割り当てられたキーを$key、値を$valueに格納していきます。

10倍した値を、foreach構文のループ内で得たキーを使って、元の配列に再代入しています。

《 Memo 》

制御構文のその他の書き方

PHPはHTMLと混ぜ書きすることも多いことから、if、while、for、foreach、switchの構文には別の書き方があります。

```
<?php if ($i == 0): ?>
iは0です
<?php endif; ?>
```

このように、開始の波カッコ（{）をコロン（:）に替え、終了はそれぞれendif;、endwhile;、endfor;、endforeach;、endswitch;になります。

HTMLで表を作る際、テーブルタグを使いますが、テーブルタグはタグが入れ子になっていて複雑になるので、PHPの構文をこう書くことで見やすくすることができます。

Check Test

Q1 次のグループを配列または連想配列で作成してください。

果物	野菜
• イチゴ	• きゅうり
• りんご	• かぼちゃ
• バナナ	• じゃがいも

Q2 foreach構文の文法について、空欄を埋めてください。

```
foreach (配列 [ A ] 変数名 [ B ] 変数名){
  処理
}
```

Q3 Q1で表したグループについて、
foreach構文を使ってキーと値を表示してください。

第6章 配列

第 7 章

関数

PHPプログラミングに欠かせない関数。慣れるまでは少し難しいと感じるかもしれませんが、重要な機能です。ぜひ使い方と作り方を学びましょう。PHPマニュアルで関数の使い方がわかるようになると、格段に開発しやすくなります。

この章で学ぶこと

1 _ 関数ってなんだろう?

2 _ 自作関数

3 _ PHPマニュアルの読み方

この処理…
前も似たこと
書いてるなあ

ムムム…

何度も似た処理をするなら
関数にまとめてみたら
どうかな？

関数？

関数はいくつかの処理を
ひとまとめにしたものだよ

引数を渡すと
処理をして
返り値を返すんだ

引数

返り値

自分だけのオリジナル
「自作関数」で効率化していこう

7 1 関数ってなんだろう？

この章では、これまで何度か登場していた関数について学びましょう。

関数の目的と機能

自販機でジュースを買うとき、自販機に「120円入れてジュースを選ぶ」という操作を行うと、「ジュースが出る」という結果を得ることができます。

私たちは自販機の中の機械の構造や仕組みを詳しく知りませんが、「お金を入れてジュースを選ぶ」という自販機の機能の入口と、「ジュースが出てくる」という結果の形式を知っているので自販機を使うことができます。

PHPでも同様に、ひと続きの処理をまとめて、入力（操作）と出力（結果）だけわかれば使えるという機能があります。それが**関数**（かんすう）です。

例えば、メールを送信する関数は、宛先とメールの本文などを指定するだけでメールの送信ができます。まったくのゼロの状態からメールを送信するプログラムを書くのは大変ですが、メールを送信する関数を「使う」プログラムを書くのはさほど難しくありません。自販機を作るのが難しくても、自販機に120円を入れることは難しくないのと同じです。

PHPにはたくさんの便利な関数があります。関数の使い方をマスターして、PHPのスキルをアップしましょう！

引数と返り値

関数は、データを与えると結果を返すという機能を持ちます。与えるデータのことを**引数**（ひきすう）、結果のことを**返り値**（かえりち）（または戻り値）といいます。

例として、mb_strlenという関数の動きを見てみましょう。mb_strlenは、引数で渡した文字列の文字数を数え、結果を返り値にする関数です。

第7章 関数

```
// 引数に文字列を指定する。返り値は5で、$countに代入される
$count = mb_strlen("こんにちは");
// 引数は変数でもよい
$greeting = "こんにちは";
$count = mb_strlen($greeting);
```

関数名のカッコの中に引数を書きます。どんな値をどの順番でいくつ書くべきかは、関数によって異なります。また、返り値は変数へ代入することができます。

引数のない関数

関数によっては引数がないものもあります。

例えば、time関数は、PHPが動いているサーバのタイムスタンプを返り値とする関数のため、特に引数を与える必要がありません。

```
$now_time = time();       // 引数がない場合空のカッコになる。タイムスタンプが返り値
```

返り値を使わない関数

関数の中でなんらかの処理をするものの、返り値を使わない関数もあります。

例えば、配列のソート（並べ替え）を行うsort関数は、引数に指定した配列のソートを行います。

```
$fruits = array("apple", "lemon", "banana");
sort($fruits);      // アルファベット順にソートされる
```

sort関数は、厳密には成功時にTRUE、失敗時にはFALSEを返しています。しかし、処理自体が目的で、処理後の返り値が不要な場合は、このようにして返り値を使わないこともあります。

Check Test

Q1 関数についての説明です。空欄を埋めてください。

関数は、引数を与えると処理が行われ、結果として　A　を返す。

Q2 次の関数の引数と結果はなんですか？

```
mb_strlen('morning');
```

7 2 自作関数

PHPには便利な関数がたくさんあります。もともと存在する関数のことを**ビルトイン関数**（かんすう）といい、ふだんのプログラミングで大いに活用されています。ですが、やはり自分でプログラムを書いていると、PHPにない自分だけの関数が必要な場面が出てきます。

そんなときは、自分で関数を作ってみましょう。

自作関数の作り方

関数を作るには、次のように**function構文**（ファンクションこうぶん）を使って定義します。

構文 関数

```
function 関数名(引数, 引数…) {
  処理内容
  return 返り値;
}
```

実際に関数を作成して使ってみましょう。次の`get_price`は、引数に金額（数字）を与えると、消費税分の10%を付加した金額を返す自作関数です。作成したら、testフォルダに置いて動作を確認しましょう。

リスト7-1 消費税計算（get_price.php）

```
<?php
  function get_price ($price){
    $price = $price * 1.1;
    // 3行目なしで、return round($price * 1.1) としてもよい
    return round($price);
  }
  echo get_price(300);    // 330と表示される
?>
```

関数定義

❶1番目に実行される

このプログラムでは、関数の処理よりも先に❶の処理が実行されます。関数部分は定義であって、どこに書かれていてもかまいません。実際に❶で利用されてはじめて、処理内容に移動すると考えましょう。❶で関数に渡した300という数字が、get_price関数の$priceという引数にあたります。return文で計算結果を戻していますので、❶のechoで計算結果を表示できます。return文で返す計算結果は、round関数で小数点以下を丸めています。

time関数のように引数が不要な関数を作る場合は、関数名の後のカッコを空にします。

構文　引数が不要な関数

```
function 関数名() {
   処理内容
   return 返り値;
}
```

同様に、sort関数のように返り値のない関数を作る場合は、return文を省略します（実際には、省略するとNULLが返り値になります）。

構文　返り値のない関数

```
function 関数名([省略可]引数, 引数…){
   処理内容
}
```

デフォルト引数のある関数

関数によっては、「引数はあってもなくてもいいが、ない場合には関数側から指定しておきたい」という場合があります。

この関数側から指定する、仮の値のある引数のことを、**デフォルト引数**（ひきすう）といいます。デフォルト引数は、「変数名 = 指定したい値」という形式で書きます。

次のプログラムは、「引数で渡された文字列を表示するが、引数がない場合にはデフォルト引数の文字列を表示する」というdefault_demo関数を使うものです。testフォルダに置き、デフォルト引数の動きを確認しましょう。

リスト7-2 default_demo関数の利用（default_demo.php）

```
<?php
  function default_demo($name = "太郎"){
    echo "私の名前は" . $name . "です<br>";
  }
  default_demo("花子");    // 引数あり
  default_demo();          // 引数なし。デフォルト引数「太郎」を使う
?>
```

実行結果

```
私の名前は花子です
私の名前は太郎です
```

はじめにdefault_demoを呼んだときは、引数に「花子」という文字列を指定しているため、関数の引数である$nameには「花子」が代入されます。

次のdefault_demoでは引数がありません。このため、$nameにはデフォルト引数である「太郎」という文字列が代入されています。

関数を作ってみよう

では、実際に関数を作って動作させてみましょう。今回は自動販売機関数を作ります。設計項目は次の通りです。

- 関数名は「vending_machine」
- 引数は「金額」と「ジュースの名前」
- 金額が120円以上なら、購入できたメッセージを表示する
- 金額が120円未満なら、購入できなかったメッセージを表示する

では、これを元にtestフォルダに関数を使うプログラムを作ってみましょう。

リスト7-3 自動販売機関数の定義と利用（vending_machine.php）

```
<?php
  function vending_machine ($price, $juice_name){
    if ($price >= 120){        // 金額が120円以上なら購入可能
      return $juice_name ."のお買い上げありがとうございます！<br>";
    } else {
      return $juice_name ."の購入金額が不足しています<br>";
    }
  }

  // 引数に数値と文字列を直接指定する
  echo vending_machine (120, "オレンジジュース");

  // 引数に変数を使う
  $price = 90;
  $juice_name = "アップルジュース";
  echo vending_machine($price, $juice_name);
?>
```

A：関数定義
B：引数を直接指定
C：引数を変数で指定

実行結果

```
オレンジジュースのお買い上げありがとうございます！
アップルジュースの購入金額が不足しています
```


Aは関数vending_machineの定義です。

Bでは引数の数値と文字列を直接指定しており、120とオレンジジュースが引数になります。120円以上ですので、購入可能です。

Cでは、引数に変数を使っています。しかし、第1引数である金額が90円でしたので、購入不可となります。

関数の切り出し

今回のプログラムでは関数が1つだけでしたが、たくさん関数を作ったときには、見やすいようにプログラムの上か下にまとめて定義しておくか、関数を別のファイルに定義しておくとよいでしょう。

別のファイルに定義して、関数と利用するプログラムを切り離しておくことで、複数のプログラムから簡単に関数を呼び出せるようになります。

そこで、include（インクルード）という関数を使いましょう。includeはその名の通り、引数に指定したファイルを読み込む関数です。includeの後に読み込みたいファイルのパス（場所）を書くと、そのファイルの内容をincludeが書かれた部分に埋め込むようにして読み込んでくれます。

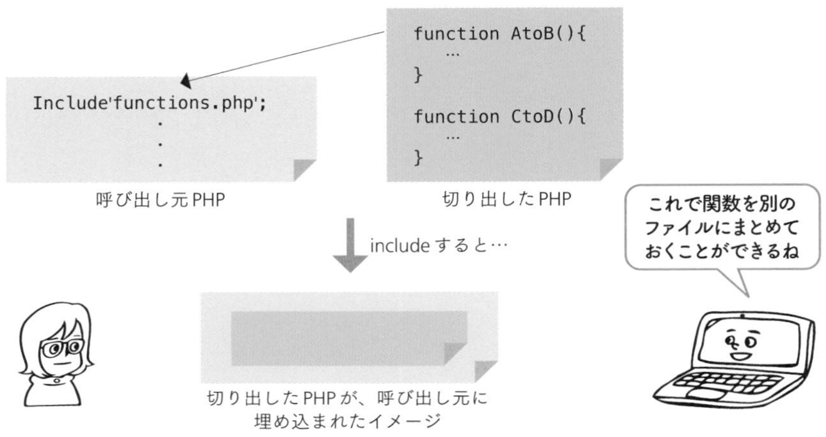

include

複数のページで使う関数などは別ファイルにまとめて、includeで呼び出すようにしましょう。同じプログラムがいろいろなファイルに散らばっているよりも、プログラムの修正作業が一度で済みますし、効率的です。

例として、先ほどの自動販売機関数を別のファイルに切り出してみます。

リスト7-4 vendor.php

```
<?php
  function vending_machine ($price, $juice_name){
    if ($price >= 120){        // 金額が120円以上なら購入可能
      return $juice_name ."のお買い上げありがとうございます！<br>";
    } else {
      return $juice_name ."の購入金額が不足しています<br>";
    }
  }
?>
```

リスト7-5 use_vendor.php

```
<?php
  include 'vendor.php';        // 関数ファイルを読み込む

  // 引数に数値と文字列を直接指定する
  echo vending_machine (120, "オレンジジュース");

  // 引数に変数を使う
  $price = 90;
  $juice_name = "アップルジュース";
  echo vending_machine($price, $juice_name);
?>
```

実行結果

```
オレンジジュースのお買い上げありがとうございます！
アップルジュースの購入金額が不足しています
```

includeで読み込むファイル名を見るとわかる通り、この2つのプログラムは同じフォルダに置きましょう。もちろん、別のフォルダに置いてもかまいません。その場合は相対パスでファイルの場所を示します。準備ができたら、ブラウザからuse_vendor.phpの実行結果を確認しましょう。実行結果は先ほどと変わりませんが、use_vendor.phpから関数定義が取り除かれて、スッキリしたのがわかります。

変数のスコープ

use_vendor.phpにおいて、関数を利用する側の変数名と、関数の定義側で使われている変数名が同じです。しかし、関数定義時の変数名は関数の中でのみ有効です。変数がどこまで有効であるかという、変数の有効範囲のことを**スコープ**といいます。

```
<?php
  $price = 90;
  $juice_name = "アップルジュース";
  echo vending_machine($price, $juice_name);

  function vending_machine ($price, $juice_name){
    if ($price >= 120){
      return $juice_name ."のお買い上げありがとうございます！<br>";
    } else {
      return $juice_name ."の購入金額が不足しています<br>";
    }
  }

  echo $juice_name;
?>
```

❶プログラムメイン部分
❷関数定義部分
同じスコープ　同じスコープ

変数のスコープ

この図は、自動販売機プログラムを少し修正したもので、❶がプログラムのメイン部分、❷が関数定義です。メイン部分では、前半では変数に値を代入し、後半では購入したいジュース名を出力しています。

メイン部分の$juice_nameと、関数定義部分で引数として受け取った変数$juice_nameは名前が同じですが、スコープが違います。スコープが違うと、変数名が同じであっても値が干渉することがありません。

次のプログラムを見てみましょう。

リスト7-6　変数のスコープ（scope.php）

```
<?php
  function print_name(){
    $name = "太郎";
    echo "僕の名前は".$name."です。<br>";
  }
  print_name();
  echo $name;
?>
```

メイン部分

実行結果

```
僕の名前は太郎です。

Warning: Undefined variable $name in C:¥xampp¥htdocs¥source-7¥7-2¥scope.php on line 7
```

print_nameは、呼び出すと文字列を出力する関数です。関数内で$nameに名前を代入し、その$nameを使って出力しています。

プログラムのメイン部分の1行目で関数を呼び出すと、意図した通り「僕の名前は太郎です」と表示されます。しかし、2行目では「太郎」と表示されません。メインのプログラム部分では$nameを定義しておらず、関数内の$nameはスコープが違うため参照できません。このため、$nameは未定義の変数として、Warningレベルのエラーが出ます。

関数内で作成した変数は、関数内でしか使えないことがわかります。

Check Test

Q1 関数の返り値を返すためのキーワードはなんですか?

Q2 次のプログラムの関数呼び出し部分AとBでは、それぞれ「ニャー」と何回表示されるか答えてください。

```
<?php
  function how_many_cats($cats = 2){
    for ($i = 0; $i < $cats; $i++){
      echo 'ニャー';
    }
  }
  how_many_cats();  // A
  how_many_cats(3); // B
```

第7章 関数

7 3

PHPマニュアルの読み方

PHPでプログラムを書くには、ビルトイン関数を使いこなすのが重要です。関数の使い方を確認するのに、PHPマニュアルが頼りになります。

- PHPマニュアル

https://www.php.net/manual/ja/

関数名がわからないときは、検索エンジンで検索しましょう。例えば、日付を取得する関数について調べたいときは「PHP 関数 日付 取得」などのキーワードで検索します。PHPは多くの利用者がいるので、マニュアル以外にもたくさんのブログ記事などが見つかるはずです。

マニュアルの読み方

では、簡単にマニュアルの読み方を勉強しておきましょう。

ここでは例として、`mb_strlen`という文字列の長さを数える関数のマニュアルページを見てみます。

ブラウザでPHPマニュアルを表示し、右上の検索ボックスに「mb_strlen」と入力して検索すると、次のページが表示されます。

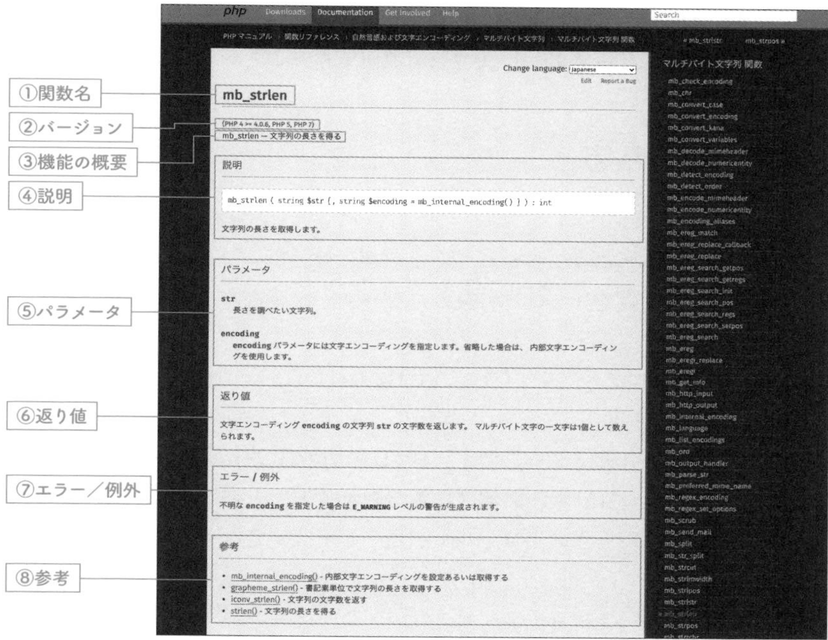

mb_strlen 関数のマニュアルページ

「説明」の読み方

マニュアルページに記載されている中で一番重要なのは、④の「説明」の項目です。文字列の文字数を数えて返すmb_strlenですと、次のように読みます。

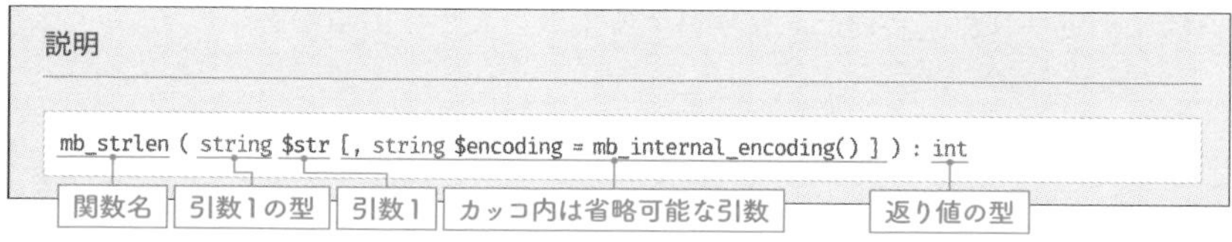

mb_strlen の「説明」

この関数に必要な引数は、string型の$strです。これは必ず設定します。

[] 内の引数は省略可能な引数です。この場合は、文字列のエンコーディング（どの数値の組み合わせをどの文字にするという、文字の成り立ちの決まり）を指定できますが、省略した場合にはmb_internal_encodingの返り値で

ある内部エンコーディング（PHPによって設定されたもの）が使われます。
返り値はintとなっており、文字数が数値で返ることがわかります。

引数の読み方

各関数の「説明」項目に書かれている引数には、いくつかのパターンがあります。ここで、記載されている引数の主なパターンとその意味を紹介します。

(string $str [, string $encoding = mb_internal_encoding()])

mb_strlenの引数パターンです。1つ目の引数は文字列で必須、[]の中に指定されている2つ目以降の引数は任意で追加することができます。「=」以降は、指定しなかったときのデフォルト引数として設定される値です。

```
// 調べたい文字列である引数1のみ指定したもの
echo mb_strlen('morning');
// 引数1とその文字コードを指定したもの
echo mb_strlen('morning', 'utf-8');
```

(string $str)

[]がないので、引数が必須のパターンです。例えばstrtoupper関数は、引数に指定された文字列を大文字にする関数のため、引数が必須です。

```
echo strtoupper('morning');   // MORNING と表示される
```

(void)

引数が不要のパターンです。なにもないことを明示的に示すため、voidというキーワードが使われています。例えば、time関数は現在時刻のタイムスタンプを返す関数のため、引数が不要です。

```
echo time();
```

関数のエイリアス

いくつかの関数には、「説明」の項目に次のように書かれていることがあります。この例はpos関数です。

```
この関数は次の関数のエイリアスです。 current()
```

pos関数は、current関数と同じ働きをします。まったく同じ動きですが、名前が2つあります。この場合はcurrentが元の関数であり、説明もcurrent関数のページに詳しく書いてあるので、そちらを確認しましょう。

このように、まったく同じ動きをするものの、元の関数と別名の関数もある場合があります。別名の関数を元の関数の**エイリアス**と呼びます。

エイリアスは次のURLに一覧になっています。極力元の関数を使うようにしましょう。

- 関数エイリアスのリスト

https://www.php.net/manual/ja/aliases.php

Check Test

Q1 PHPマニュアルでdate関数の使い方を調べ、「今日」の日付を表示してください。

Q2 mktime関数を使って昨日のタイムスタンプを作成してください。

第 8 章

Webアプリケーションの設計

いよいよ実際のWebアプリケーションの作成をしていきましょう！ とはいえ、いきなり開発というわけにいきません。プログラミングをする前に、どんな機能を持たせたいか、デザインをどうするかなど、基本的な設計をしていきます。

この章で学ぶこと

1 _ 設計をしよう!

2 _ サークルサイトの下準備

Introduction

8 1 設計をしよう！

この章からは、実際にWebアプリケーションの開発を通して、PHPでのプログラミングを学んでいきましょう。

Webアプリケーションを作るにあたって、最初にすべきことは**設計**(せっけい)で、次のような手順で行います。

1. Webアプリケーションを企画する
2. 機能の洗い出しをする
3. 画面遷移を考える
4. デザインを考える

① Webアプリケーションを企画する

まずは、日常における問題や不便な点について考え、要望を洗い出してWebアプリケーションを企画します。ここでは、次のような企画を考えました。

＜企画＞

- あなたは、大学のテニスサークルの広報・連絡担当になりました。去年まではメンバーが少なく、メールや電話で連絡を取り合っていましたが、今年は新入部員が30人も集まりました。
- 人数が多くなったので、ミーティングにメンバーを集めるのも、練習日の連絡をするのも、メールだけでは対応しきれなくなってしまいました。記録係が合宿で撮った写真をメンバーに見せるときも不便があり、紙の写真を印刷するのも手間でした。
- このような経緯から、メンバーのためのサークルサイトを作ることにしました。

企画が決まったら、このWebアプリケーションを誰が使うのかという**想定ユーザ（エンドユーザ）**(そうてい)を決めましょう。

今回はテニスサークルのメンバーが使うため、想定ユーザは学生です。また、メンバーは広報や記録係などの役員として活動する人と、一般のサークル参加者という2種類のグループがあります。

②機能の洗い出しをする

では、この企画から機能の洗い出しをしましょう。大きなWebアプリケーションを作るのははじめてなので、まずは最低限、しかし今後の拡張性を考えて……機能を考えましょう。

機能1：お知らせ

ミーティングや練習日の日程をWebサイト上に表示する機能。
お知らせを記載するのは広報係。
一般メンバーはお知らせ内容の確認ができる。

機能2：アルバム

アップロードした写真を見ることができる機能。
サークルメンバーなら誰でもアップロード・閲覧できる。

機能3：掲示板

ミーティングの日に全員が集まれないことを考慮した、意見交換のできる掲示板機能。
サークルメンバーなら誰でも書き込みができる。

③画面遷移を考える

機能が決まったら、**画面遷移**（がめんせんい）を考えましょう。画面遷移とは、ボタンをクリックすると次の画面へ移動するという、Webサイト内での画面の動きのことです。

画面単位で全体の作成する分量を把握しておくと、どこまで開発が進んだのかつかみやすくなります。

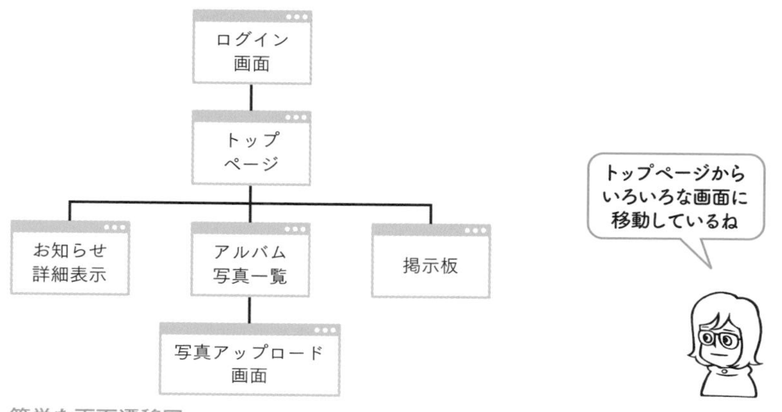

簡単な画面遷移図

④デザインを考える

画面遷移を考えたら、ざっくりした画面の内容を決めましょう。画面には、フォーム（入力欄や選択項目といったHTMLの部品）や見出しなどを配置します。例えばログイン画面なら、ユーザ名とパスワードを入力するためのフォームが必要ですね。

ログイン画面のざっくりとしたデザイン

こうして検討すると、実際のWebアプリケーションへの具体的なイメージがわきますね。開発を進めていくうちに、画面遷移図に過不足が出ますが、慣れないうちはよくあることです。何度も企画、機能の洗い出し、画面遷移を考えるという作業をすることで、Webアプリケーションの定石のようなものが見つかります。

Bootstrap を使おう

個人で技術の練習をするときに、とても大事なものがなにかおわかりでしょうか。そう、モチベーションです。そっけない画面のためにプログラミングするよりも、美しい画面のほうがやる気が出てきませんか？

実際の開発現場においても、企画と設計が終わると、Webデザイナーからデザインのテンプレートをもらって、それを組み込みながらプログラムを書くことがよくあります。

WebデザインとWebアプリケーションは切っても切れない関係です。出来上がったものの善し悪しは、プログラムの速度や上手さだけでなく、使いやすく美しいデザインであることも関係してきます。

というわけで、今回は、世界でも人気のあるBootstrap（ブートストラップ）というCSSフレームワークを使って画面を作っていきましょう。CSSとはHTMLを美しくスタイリングするための技術で、フレームワークというのは枠組みという意味です。Bootstrapの枠組みにそってHTMLタグを書くと、とてもきれいな見た目のサイトを作ることができます。

8 2 サークルサイトの下準備

ドキュメントルートとパス

では、サークルサイト開発の下準備をしていきましょう。まず、**ドキュメントルート**に新しいフォルダを作成します。ドキュメントルートとは、第3章で説明した公開フォルダのことです。WebサイトのHTMLや画像ファイルなどを置くフォルダのことを指します。

本書ではXAMPPを「C:¥xampp」にインストールしたので、ドキュメントルートは「C:¥xampp¥htdocs」です。このような、あるフォルダやファイルへの場所を指し示す文字列のことを**パス**といいます。

ドキュメントルート配下のフォルダ名は、URLの一部になります。サークルサイトのURLを「http://localhost/tennis/」にするため、ドキュメントルートである「C:¥xampp¥htdocs」の中に、「tennis」というフォルダを作成しましょう。

絶対パス

ドキュメントルートにindex.htmlというファイルがあるとき、これは「http://localhost/index.html」と指定できます。このhttpなどから書き始める指定方法のことを**絶対**(ぜったい)**パス**と呼び、インターネット上での場所を指しています。

フォルダはスラッシュ（/）で区切ります。もしドキュメントルートにtennisというフォルダがあれば、URLは「http://localhost/tennis/」となります。

特に末尾のスラッシュの後にファイル名を指定しなければ、サーバの設定により、一般的にindex.htmlやindex.phpといったファイルが表示されます。

末尾にスラッシュがない場合は、そのフォルダ名のファイルを探そうとします。「http://localhost/tennis」の場合は、ドキュメントルートからtennisというファイルを探そうとします。ない場合はサーバの設定により、一般的にはtennisフォルダのindex.htmlを探します。

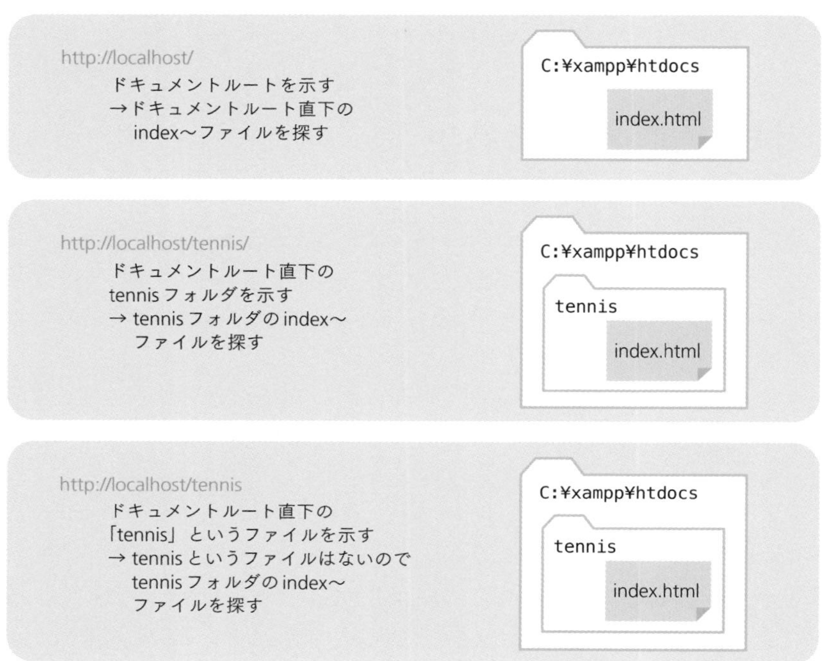

絶対パス

相対パス

tennisフォルダの中にimagesフォルダがあり、その中にimage.gifという画像ファイルがあったとします。

相対パス

index.htmlから見ると、画像ファイルは「images/image.gif」と指定することができます。httpから指定しない、相対的なファイルの場所のことを**相対パス**といいます。

現在いる場所を示すのは「.」です。サーバOSとしてよく採用されるLinuxではフォルダのことを**ディレクトリ**といい、現在のディレクトリを**カレントディレクトリ**といいます。

画像ファイルのことを単純に「images/image.gif」と指定することもできますが、もっと丁寧に「./images/image.gif」とするとよいでしょう。

逆に、images.gifから1つ上の階層であるtennisフォルダのindex.htmlを指定する場合は、「../index.html」というように、「..」で上の階層を表すことができます。2つ階層を戻る場合は「../../」というように、戻りたい分だけ続けます。

なぜ相対パスを使うかというと、絶対パスはドメイン（URLの～.comなどの部分）が変更になり、リンク切れになる可能性があるためです。他のサイトへのリンクでない限り、相対パスを使いましょう。

トップページの作成

ドキュメントルートにtennisフォルダを作ったら、Webサイト作成の下準備としてトップページを作りましょう。内容は次の通りです。tennisフォルダ直下に、それぞれ「index.php」と「navbar.php」とファイル名を付けて保存してください。保存したら、「http://localhost/tennis/」にアクセスし、正しく表示されるか確認しましょう。

リスト8-1 トップページ（index.php）

```
<!doctype html>
<html lang="ja" >
  <head>
    <title>サークルサイト</title>
    <link rel="stylesheet" href="https://stackpath.⏎
bootstrapcdn.com/bootstrap/4.5.0/css/bootstrap.min.css">
  </head>
  <body>

    <?php include('navbar.php'); ?>
```

ナビゲーションバー（上の黒い帯）を読み込む部分

```
    <main role="main" class="container" style="padding:60px ⏎
15px 0">
      <div>
        <!-- ここから「本文」 -->

        <h1>サークルサイト</h1>

        <!-- 本文ここまで -->
      </div>
    </main>

    <script src="https://code.jquery.com/jquery-3.5.1.slim.⏎
min.js" crossorigin="anonymous"></script>
    <script>window.jQuery || document.write('<script src="/⏎
docs/4.5/assets/js/vendor/jquery-slim.min.js"><\/script>')</⏎
script>
    <script src="https://stackpath.bootstrapcdn.com/bootstrap/⏎
4.5.0/js/bootstrap.bundle.min.js"></script>
  </body>
</html>
```

「本文を修正します」という指示ではここを書き換えます

リスト8-2 ナビゲーションバー（navbar.php）

```
<nav class="navbar navbar-expand-md navbar-dark bg-dark ⏎
fixed-top">
  <a class="navbar-brand" href="./index.php">サークルサイト</a>
  <button class="navbar-toggler" type="button" data-toggle=⏎
"collapse" data-target="#navbarsExampleDefault" aria-controls=⏎
"navbarsExampleDefault" aria-expanded="false" aria-label=⏎
"Toggle navigation">
    <span class="navbar-toggler-icon"></span>
  </button>

  <div class="collapse navbar-collapse"
id="navbarsExampleDefault">
    <ul class="navbar-nav mr-auto">
      <li class="nav-item"><a class="nav-link" href="#">お知らせ ⏎
</a></li>
      <li class="nav-item"><a class="nav-link" href="#">アルバム ⏎
</a></li>
      <li class="nav-item"><a class="nav-link" href="#">掲示板 ⏎
</a></li>
    </ul>
  </div>
</nav>
```

「メニューを修正します」という指示ではここを書き換えます

実行結果

サークルサイト　お知らせ　アルバム　掲示板

サークルサイト

index.phpの内容を確認しましょう。1行目はドキュメントタイプ宣言で、HTMLのお決まりのコードです。2行目の`<html>`タグから末尾の`</html>`までがHTMLであることを意味しています。`<head>~</head>`タグは、このHTMLの**ヘッダ情報**（じょうほう）です。`title`タグが、ブラウザのタイトルバーに表示されるタイトル名です。

`link`から始まるタグは、CSSの場所を指定しています。今回、見た目のよいサイトを作るためにBootstrapを使うことを前の節で説明しましたが、そのCSSの場所を指定します。

`<body>`以降がブラウザ上に表示される部分です。

今回のデザインでは、ページの上部に黒い帯のようなナビゲーションバーを設置し、そこにお知らせ機能や掲示板へジャンプできるリンクを設置します。各ページでも同じメニューを使いたいので、メニュー部分だけnavbar.phpとして切り出しましょう。今後、「メニューを修正します」と説明する箇所では、このファイルを修正します。

実際にブラウザの白い部分に表示される内容は、本文にあたる部分に書き込みます。今後、「本文を修正します」と説明する箇所では、この部分を修正します。

このindex.phpとnavbar.phpがサークルサイトの基本のファイルになります。どこかに別名で保存して、必要なときにコピーできるようにすると、今後の開発が楽になります。

Check Test

Q1 相対パスについての説明です。空欄を埋めてください。

現在いるディレクトリ（フォルダ）のことを　A　と呼び、「.」で表す。

Q2 相対パスで1つ上の階層を表す記号はなんですか？

Q3 次のフォルダ構成のとき、Ⓐ～Ⓓの相対パスはどうなりますか？

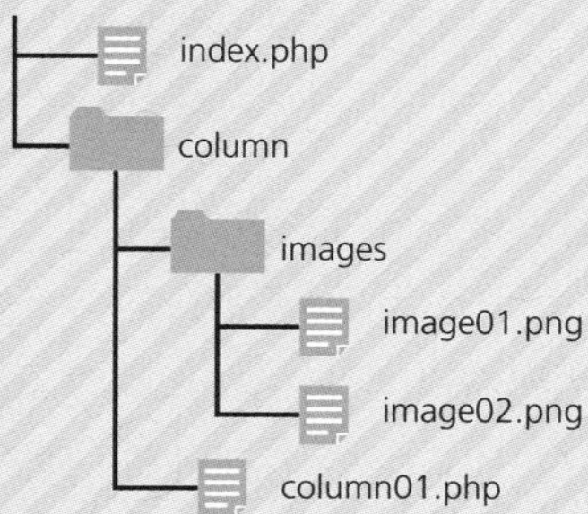

- Ⓐ index.phpから見たimage01.png
- Ⓑ column01.phpから見たindex.php
- Ⓒ column01.phpから見たimage01.png
- Ⓓ image02.pngから見たcolumn01.php

第9章 ファイル操作

サークルサイトにお知らせ機能を追加しましょう！ この章ではお知らせのテキストファイルを読み込んで表示させる処理から、ファイル入出力について学びます。PHPでどのようにファイルを扱えばよいのか、丁寧に学習していきましょう。

この章で学ぶこと

1 _ お知らせ機能を作ろう！

2 _ ファイルを1行ずつ読み込む

3 _ ファイルへの書き込み

Introduction

9 1 お知らせ機能を作ろう！

この章では、サークルサイトにミーティングのお知らせなどを掲載する機能を作成しながら、ファイル操作について学びましょう。

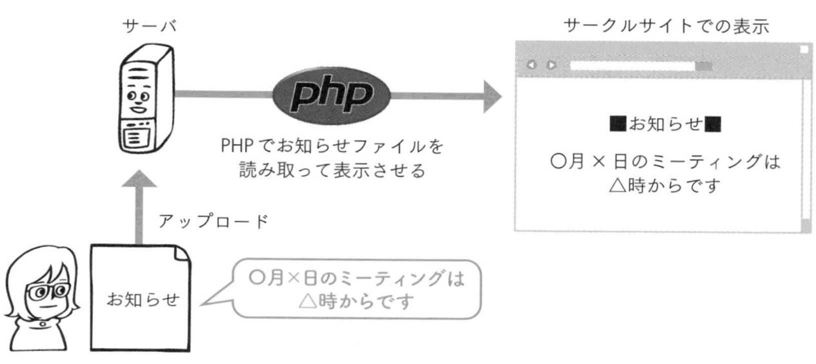

サークルサイトのお知らせ機能の概要

お知らせのテキストファイルをサーバにアップロードし、サークルサイト上ではPHPからファイルを読み取って表示をさせましょう。

ファイル読み込みの下準備

まず、ファイルを読み込むための下準備をします。次のお知らせファイルをエディタで作成し、ドキュメントルート内のtennisフォルダの中にinfo.txtという名前で保存してください。

リスト9-1　お知らせ（info.txt）

```
○月×日のミーティングは3時からです。
場所は102教室です。
```

Note

開発時はローカル環境でプログラムの作成とテストを行うため、ファイルをサーバにアップロードする代わりにドキュメントルートに保存します。また、ここでは説明の簡略化のためtennisフォルダにinfo.txtを置いていますが、Webアプリケーションを外部に公開する場合には、ファイルの意図しない漏えい（URL指定でファイルに直接アクセスするなど）を防ぐため、ドキュメントルートの外にファイルを置き、URLを直接指定しても見えないようにしましょう。

ファイルの読み込みと表示

では、ファイルを読み込んで表示してみましょう。
ファイルの読み込みには、file_get_contents関数（ファイルゲットコンテンツかんすう）を使います。

```
file_get_contents(ファイル名)
```

この関数は、その名が示す通り、引数で渡されたファイルの中身をすべて読み込み、文字列を返り値にする関数です。

では、file_get_contents関数を使って、index.phpにファイルを読み込む機能を追加します。

リスト9-2 ファイルを読み込む機能を追加（index.php）

```
<?php $info = file_get_contents("info.txt"); ?>   ← 追加
<!doctype html>
(略)
        <!-- ここから「本文」-->

        <h1>お知らせ</h1>                       ┐
        <p><?php echo $info; ?></p>             ┘ 追加
```

```
            <!-- 本文ここまで -->
```

はじめのコードは、info.txtを読み込み、返り値を`$info`に代入しています。

本文のコードは、`$info`の中身を表示しています。では、「http://localhost/tennis/index.php」を表示して動作確認してみましょう。

実行結果

サークルサイト　お知らせ　アルバム　掲示板

お知らせ

○月×日のミーティングは3時からです。 場所は102教室です。

お知らせファイルの2行が読み込まれています。しかし、ファイルでは「3時からです。」の後に改行していたのに、ブラウザでは改行されていません。

改行付きで表示する

ブラウザ上で改行するには、改行を示す`<br>`タグを使う必要があります。お知らせファイルにあった改行は、目には見えませんが**改行コード**（かいぎょう）というコードで表現されています。この改行コードを`<br>`タグに置き換える必要があります。

改行コードを`<br>`タグに置き換えるには、**nl2br関数**（エヌエルツービーアール かんすう）を使います。第1引数は元の文字列、返り値は改行コードが置き換わった文字列です。改行タグは、第2引数になにも指定しないとXHTML準拠の`<br />`タグになり、第2引数にfalseを指定すると`<br>`タグになります。

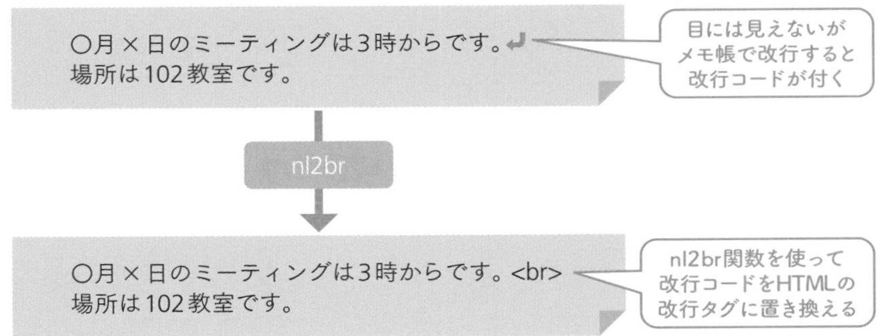

改行コードと nl2br 関数

では、nl2br関数を使って本文のコードを修正しましょう。

```
<h1>お知らせ</h1>
<p><?php echo nl2br($info, false); ?></p>
```

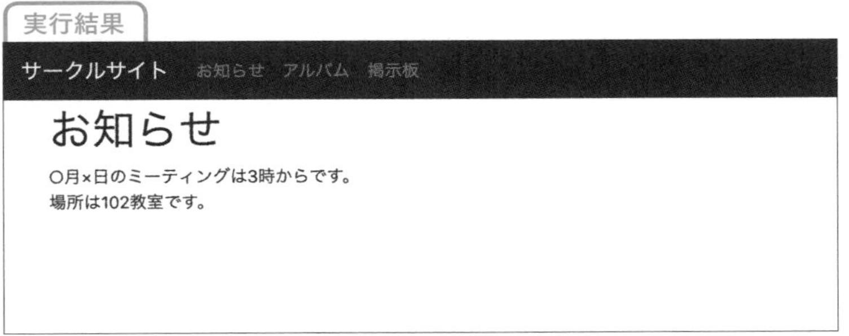

読み込み内容に対してnl2br関数を使うように修正したため、うまく改行が表示されましたね！

Check Test

Q1 テキストファイルの改行を表す記号はなんですか?

Q2 文字列内の改行を改行タグに変換する関数はなんですか?

9 2 ファイルを1行ずつ読み込む

お知らせタイトルと詳細

お知らせをファイルから読み込んでトップページに表示できましたが、もしお知らせが長い文章だったとき、すべてがトップページにずらずらと並ぶのは見づらいですよね。

そこで、トップページであるindex.phpにはお知らせのタイトルだけを表示し、タイトルのリンクをクリックすると詳細画面のinfo.phpにジャンプするように修正しましょう。

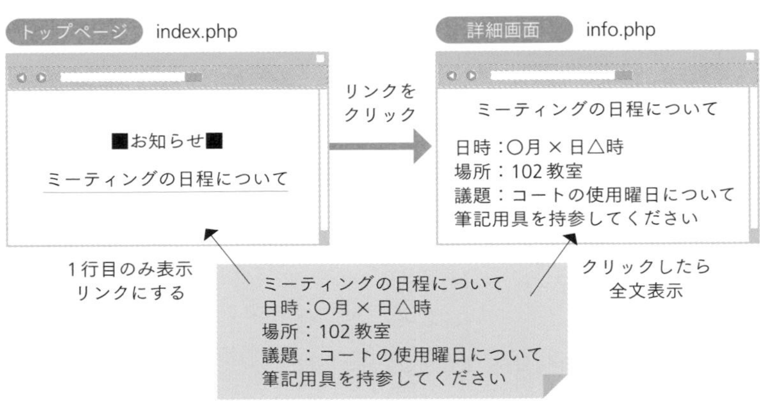

お知らせの修正案

お知らせ修正の下準備

お知らせのテキストファイルを、1行目をタイトル、2行目以降が本文になるように修正しましょう。

リスト9-3　お知らせの修正（info.txt）

```
ミーティングの日程について
日時：○月×日△時
場所：102教室
議題：コートの使用曜日について
筆記用具を持参してください
```

タイトル：ミーティングの日程について
お知らせ本文：日時～筆記用具を持参してください

また、お知らせの詳細画面はトップページのデザインを踏襲するため、テンプレートとして保存しておいたindex.phpをコピーして、info.phpという名前のファイルを作りましょう。

ファイル読み込みの流れ

さっそくお知らせファイルの1行目だけを読み込むようにトップページを修正したいところですが、`file_get_contents`関数はファイル全文を読み込む関数です。1行目だけ読み込むにはどうしたらよいでしょうか？

ファイルから1行だけ読み込むには、次のような手順を踏む必要があります。

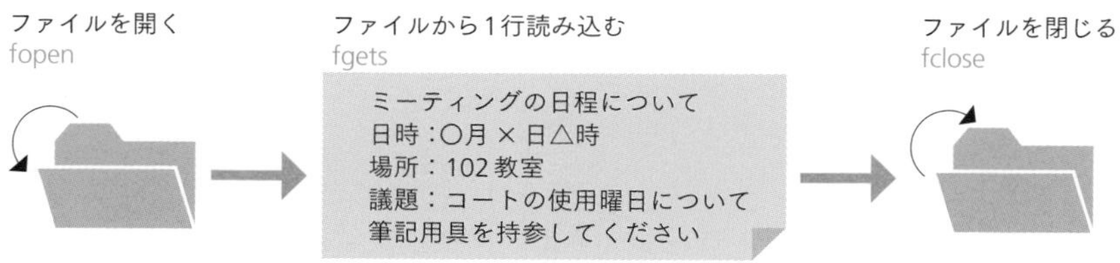

ファイル読み込みの流れ

fopen関数（ファイルオープンかんすう）でファイルを開き、**fgets関数**（ファイルゲッツかんすう）で1行読み取り、**fclose関数**（ファイルクローズかんすう）でファイルを閉じます。この流れは私たちがワープロソフトで作ったファイルを開いて、中身を読み、閉じるボタンを押してファイルを閉じるという動作に似ています。

fopen 関数

ファイルを開く**fopen関数**（ファイルオープン かんすう）は次のように書きます。

```
fopen("ファイル名", "モード");
```

引数で指定された「ファイル名」を、指定された「モード」で開きます。正しく開けたら**ファイルポインタ**を返り値として返します。

ファイルポインタとは、どのファイルのどの位置にいるかを表したもので、ワープロソフトでいうカーソルのことです。私たちがマウスとキーボードを使って行う「カーソルを移動させて3文字目から5文字目をコピーする」というような動きを、読み込み内容に対して実現できます。

ファイルポインタ＝カーソル

|ミーティングの日程について
日時：○月×日△時
場所：102教室
議題：コートの使用曜日について
筆記用具を持参してください

ファイルポインタを動かして
ワープロソフトやメモ帳のように
文字列を取得できる

ファイルポインタとカーソル

index.phpでは、ファイルの先頭から1行分カーソルを動かして文字列を取得します。

ファイルを開くモード

fopen関数の第2引数であるモードは、どのような状態でファイルを開くか指定するためのものです。次のようなモードがあり、文字列で指定します。

ファイルを開くモード

モード	意味	説明
r	読み込み専用	読み込みだけできるモード。 ・ファイルポインタ位置：ファイルの先頭 ・ファイルサイズ　　　：開くだけなのでそのまま ・ファイルがない場合　：開けない（戻り値false）
r+	読み・書き	読むことも書くこともできるモード。 ・ファイルポインタ位置：ファイルの先頭 ・ファイルサイズ　　　：そのまま ・ファイルがない場合　：開けない（戻り値false）
w	書き込み専用	書き込みだけできるモード。 ・ファイルポインタ位置：ファイルの先頭 ・ファイルサイズ　　　：0になる ・ファイルがない場合　：作成する
w+	読み・書き	読むことも書くこともできるモード。 ・ファイルポインタ位置：ファイルの先頭 ・ファイルサイズ　　　：0になる ・ファイルがない場合　：作成する
a	追記	追記するモード。 ・ファイルポインタ位置：ファイルの末尾 ・ファイルサイズ　　　：そのまま ・ファイルがない場合　：作成する
a+	読み・追記	読むことも追記することもできるモード。 ・ファイルポインタ位置：ファイルの末尾 ・ファイルサイズ　　　：そのまま ・ファイルがない場合　：作成する

例えば、ファイルを開いて読み込むだけの場合はrモードを使い、次のように書きます。

```
$fp = fopen("info.txt", "r");
```

ファイルへ書き込みができるwモードで開くと、ファイルサイズが0、つまり白紙の状態になるので、あるファイルをまるっきり書き換えたいときに有効です。「ファイルがない場合に作成する」という動作は、エディタで新規作成したファイルに文字を書き込み、名前を付けて保存する動作によく似ています。

すでに存在するファイルに追記したいときはaモードを使います。ファイルポインタがファイルの末尾にくるので、続けて書き込めます。

index.phpでは、お知らせファイルを読み込むだけなので、rモードで開きましょう。

fgets関数

開いたファイルから1行読み込むには、fgets関数（ファイルゲッツかんすう）を使います。

```
fgets(ファイルポインタ);
```

引数のファイルポインタは、fopen関数の返り値であるファイルポインタです。ファイルポインタを渡すことで、読み込み開始位置がわかるのです。

```
$fp = fopen ("info.txt", "r");
$title = fgets($fp);
```

fgets関数の返り値は、取得した1行の文字列です。ファイルの中身が空の場合や、なんらかのエラーがあって読み込めない場合、返り値はFALSEになります。

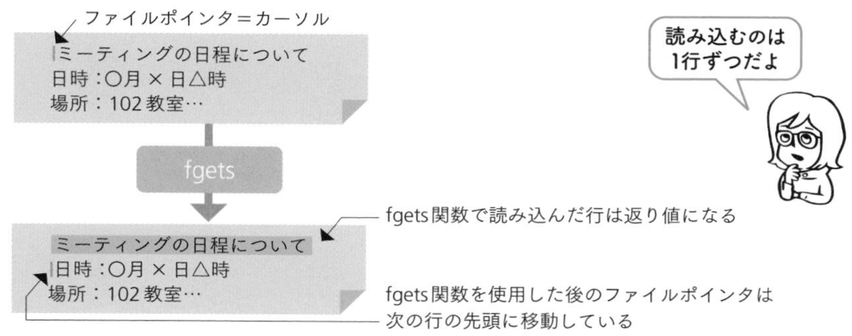

fgets 関数とファイルポインタ

while構文とfgets関数を使って、file_get_contents関数のようにファイル全体を文字列として読み込むこともできます。while構文の条件式は、fgets関数を使って$lineに1行読み込むというものです。終端にくると読み込むデータがなくなってFALSEを返すので、while構文を抜けます。

```
$fp = fopen("info.txt", "r");  // 読み込み専用で開く
// 1行読み込めれば表示処理、読めなければFALSEになる
while ($line = fgets($fp)){
  echo $line ."<br>";
}
```

index.phpではタイトルの1行だけを読み込みたいので、fgets関数を一度だけ使うことにします。

fclose 関数

ファイルを利用し終えたら閉じる必要があります。ファイルを閉じる**fclose関数**（ファイルクローズかんすう）は次のように書きます。

```
fclose(ファイルポインタ);
```

`fclose`関数の返り値は、正常に閉じることができればTRUE、失敗時はFALSEです。

```
$fp = fopen("info.txt", "r");
fclose($fp);
```

トップページindex.phpの修正

ファイルを1行だけ読み込んでタイトルとして表示するよう、index.phpの冒頭と本文部分を修正しましょう。

リスト9-4　タイトルを表示するように修正（index.php）

```
<?php $fp = fopen("info.txt", "r");  // ファイル読み込み ?>
<!doctype html>
<html lang="ja" >
（省略）
        <!-- ここから「本文」-->
        <h1>お知らせ</h1>
<?php
  if ($fp){ ←❶
    // ファイルが正しく開けたとき
    $title = fgets($fp);  // ファイルから1行読み込む
    if ($title){ ←❷
      // 1行読み込めたときはタイトル文字列をリンクにする
      echo '<p><a href="info.php">'.$title.'</a></p>';
    } else {
      // ファイルの中身が空だったとき
      echo '<p>お知らせはありません。</p>';
    }
    fclose($fp);  // ファイルを閉じる
  } else {
    // ファイルが開けなかったとき
    echo '<p>お知らせはありません。</p>';
  }
?>
        <!-- 本文ここまで -->
```

実行結果

サークルサイト　お知らせ　アルバム　掲示板

お知らせ

ミーティングの日程について

冒頭のfopen関数でお知らせファイルを開きます。モードは読み込み専用のrモードです。開いたファイルのファイルポインタは、変数$fp（file pointer：ファイルポインタの意味）へ代入します。

❶のif構文は、ファイルがうまく開けたかどうか判別しています。正しく開けていればファイルポインタが返り値になっているので次の処理へ進みます。正しく開けなかった場合は、返り値がFALSEとなり、「お知らせはありません」と表示します。

正しく開けた場合、fgets関数で1行読み込みます。rモードでfopenしたので、ファイルポインタはファイルの先頭にあります。先頭から1行取得し、変数$titleに代入しています。

❷のif構文では、1行読み込めたかどうかを判別しています。正しく読み込めていれば、変数$titleには文字列が入っているので、タイトル文字列をリンクにします。

aタグはアンカータグと呼ばれ、リンクを示すHTMLタグです。aタグで挟んだ文字列をクリックすると、hrefで指定したリンク先へジャンプします。

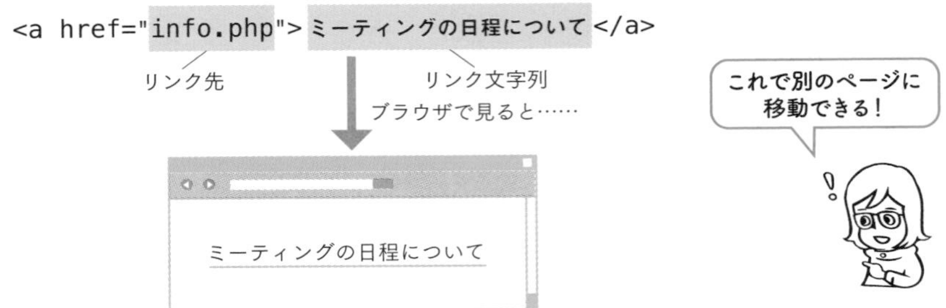

アンカータグの仕組み

ファイルは正しく開けたものの中身が空だった場合、fgets関数はFALSEを返り値にします。この場合も「お知らせはありません」と表示しましょう。

ファイルを開いたら閉じる必要があるので、1行読めた場合・中身が空だった場合のどちらでも、fclose関数で閉じます。

詳細画面の作成

では次に、タイトル文字列をクリックしたジャンプ先となる、お知らせ詳細のinfo.phpを作成しましょう。下準備でコピーしたinfo.phpを修正していきます。

詳細画面では、info.txtの内容を読み込んで、1行目を見出し、2行目以降をお知らせ本文として表示します。

リスト9-5 お知らせ詳細画面（info.php冒頭部分）

```
<?php
  $fp = fopen("info.txt", "r"); // ファイルを開く
  $line = array();  // ファイル内容を1行ずつ要素に格納するための配列を用意
  $body = '';       // 本文を格納するための変数
  // ファイルが正しく開けたとき
  if ($fp){
    while(!feof($fp)){
      $line[] = fgets($fp);
    }
    fclose($fp);
  }
?>
<!doctype html>
```

```
<html lang="ja" >
```

リスト9-6 お知らせ詳細画面（info.php本文部分）

```
          <!-- ここから「本文」-->
          <h1>お知らせ</h1>
<?php
  // お知らせがあるとき
  if (count($line) > 0){ ❶
    for ($i = 0; $i < count($line); $i++){ ❸
      if ($i == 0){
        // 1行目（=0番目の要素）はタイトル
        echo '<h2>'.$line[0].'</h2>';
      } else {
        // $i行目に改行タグを付けて本文変数に代入
        $body .= $line[$i].'<br>';
      }
    }
  } else { ❷
    $body = 'お知らせはありません。';
  }
  echo '<p>'.$body.'</p>';
?>
          <!-- 本文ここまで -->
```

リスト9-7 navbar.phpリンク部分

```
<li class="nav-item"><a class="nav-link" href="info.php">⏎
お知らせ</a></li>
<li class="nav-item"><a class="nav-link" href="#">アルバム</a>⏎
</li>
<li class="nav-item"><a class="nav-link" href="#">掲示板</a></li>
```

第9章 ファイル操作

実行結果

サークルサイト　お知らせ　アルバム　掲示板

お知らせ

ミーティングの日程について

日時：○月×日
場所：102教室
議題：コートの使用曜日について
筆記用具を持参してください

info.phpの冒頭部分では、まずファイルを開き、ファイルポインタを取得します。`$line`はファイル内容を1行ずつ格納するための配列で、タイトルは`$line[0]`、2行目以降を`$line[1]`以降に格納します。`$body`は本文を格納するための配列です。

ファイルが正しく開けたら、`while`構文を使って配列`$line`に`fgets`した内容を1行ずつ格納していきます。`feof`関数は後に詳しく説明しますが、ファイルの終端かどうかをチェックする関数です。TRUEの場合終端を示します。

つまり、この`while`関数はファイルが終端でない間、`$line`に1行ずつ格納する処理をしています。読み込みが終わったら`fclose`関数でファイルを閉じます。

本文部分の❶の処理では、`count`関数を使って`$line`の行数を数えます。正しくファイルが開けて、かつ正しくファイルの中身が配列に格納されていると1行以上内容があるはずですので、`count`関数の返り値は0以上になるはずです。ファイルがうまく開けていない場合は、❷の処理に移ります。配列は作成時のままで要素数は0個となるので、本文を格納する`$body`変数には「お知らせはありません」と代入しています。

さて、ファイルがうまく開けていたら、❸の処理に移ります。この`for`構文では、0行目から最後の行まで1行ずつ処理していきます。

もし`$i`が0だったら、お知らせファイルの1行目はタイトルなので、`<h2>`タグで文字列を囲みます。`h2`タグは見出しタグで、`h1`に次ぐ小見出しの意味があります。

2行目以降は、末尾に改行タグ
を付けて$body変数に追加していきます。代入ではなく.=なので、前の行にどんどん追加していきます。

すべての処理が終わったら、<p>タグに挟んで$body変数を表示します。

feof関数とEOF

先ほど使ったfeof関数は、ファイルポインタがファイルの終端に達したかどうかチェックする関数です。ファイルの終わりのことを、英語でEnd Of File、略してEOFといいます。

テキストファイルなどには、通常は目に見えないいくつかのコードが含まれています。改行コードもその1つです。同様に、ファイルの末尾にも終端を示すEOFというコードが付いています。

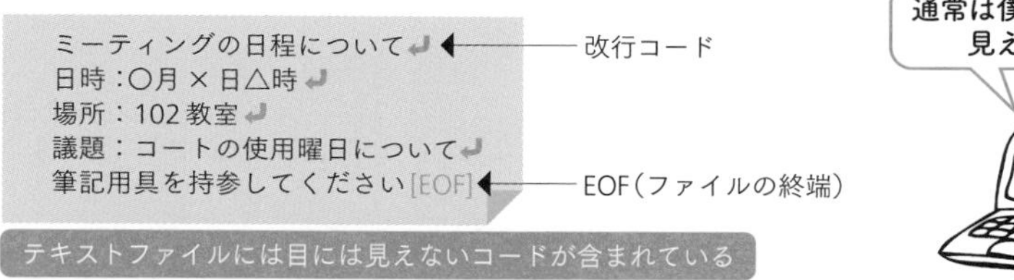

改行コードとEOF

feof関数は次のように使います。

```
feof(ファイルポインタ)
```

引数はfopen関数の返り値であるファイルポインタで、正しくファイルが開けていることが条件です。返り値は、ファイルの終端のときTRUE、終端でないときにFALSEです。

ファイルが正しく開けていなかったり、fclose関数ですでにファイルが閉じられていたりするとうまく動作しません。先ほどのプログラムでも、ファイルが正常に開けているか確認した後にfeof関数を使っていますね。

count関数

配列に含まれる要素数を調べるには、count関数（カウントかんすう）を使います。

```
count(配列の変数名)
```

引数は配列、返り値は数字です。配列の要素数を返します。連想配列も数えることができます。

いろいろな配列のループ

先ほどのinfo.phpではfor構文を使って、はじめの行をタイトル、以降を本文としました。while構文やforeach構文を使うこともできます。次のプログラムは、foreach構文を使った書き換え例です。

```
foreach ($line as $i => $text){
  // キー$iが0だったら、はじめの行なのでタイトルにする
  if ($i == 0){
    echo '<h2>' .$text.' </h2>' ;
  } else {
    $body .= $text.' <br>' ;
  }
}
```

いろいろなファイル取得

配列ループ方法と同様、ファイル取得の方法もさまざまです。

file関数（ファイルかんすう）は、指定したファイルの中身を配列にすべて格納します。この際、fopenやfcloseをする必要はありません。

```
file(ファイル名)
```

file_get_contentsの返り値は読み込んだファイル名の中身全体の文字列でしたが、file関数の返り値は配列になります。info.phpのように読み込むだけであれば、file関数を使うのも楽ですね。

このように、同じ動作をするプログラムでも、いろいろな書き方をすることができます。大きいプログラムになると、書き方によって動作速度に差が出ることもあります。まずは見やすくわかりやすいプログラムを書くよう心がけましょう！

Check Test

Q1 fopen関数についての説明です。空欄を埋めてください。

fopen関数は、ファイルを指定されたモードで開き、 A を返す関数である。

Q2 fopen関数で、読み・書きができて、ファイルがない場合にfalseを返すモードはなんですか？

Q3 file_get_contents関数とfgets関数の違いはなんですか？

9 3 ファイルへの書き込み

書き込みの流れ ― fwrite関数

読み込みができれば、もちろん書き込みもできます！　サークルサイトには書き込み機能を実装しませんが、書き込みの方法について学んでおきましょう。

ファイルの書き込みは、fgets関数を使ったファイルの読み込みととてもよく似ています。fopen関数でファイルを開き、**fwrite関数**（ファイルライトかんすう）で書き込み、fclose関数でファイルを閉じます。

ファイル読み込みの処理と違って注意すべき点は次の2点です。

- fopen関数でファイルを開くとき、書き込みモードか追記モードで開く
- fgets関数でなくfwrite関数で書き込む

fwrite関数は次のように書きます。

```
fwrite(ファイルポインタ, 書き込み内容)
```

第1引数の「ファイルポインタ」の位置に、第2引数の「書き込み内容」を書き込みます。ちょうど、ワープロソフトでカーソルの位置に文字を入力するのと似ていますね。

テキストファイルへの書き込み

では、テキストファイルに文字列を書き込んで試してみましょう。次のプログラムをtestフォルダに置いて実行してください。

リスト9-8 ファイル書き込みプログラム（write.php）

```
<?php
  $fp = fopen("test.txt", "w");
  if ($fp){
    fwrite($fp, "書き込みテスト");
    fclose($fp);
    echo '書き込みました。';
  } else {
    echo 'エラーが起きました。';
  }
?>
```

実行結果

書き込みました。

1	書き込みテスト

書き込まれた test.txt

このプログラムでは、ファイルを書き込みモード「w」で開きます。ファイルが存在しなければ作成します。

ファイルポインタが正常に取得できた場合、ファイルに書き込みをし、ファイルを閉じます。

Column

ファイルのアクセス権限

ローカルのWindows環境で動作確認をしているときにはあまり気にする必要はありませんが、実際にインターネット上にプログラムを公開するときにはファイルのアクセス権限を考慮しなくてはいけません。ファイルを右クリックして［プロパティ］を選択し、ファイルのプロパティを開くと、［セキュリティ］タブのユーザの権限欄に、［読み取り］というチェックボックスがあります。ここにチェックが入っていると、ファイルの書き込みができません。

一般的にWebサーバのOSとして選択されるLinuxでは、ファイルの属性が細かくなっており、ファイルの持ち主である「所有者」と、誰にどの程度ファイルを利用する権利があるかという「アクセス権」を設定する必要があります。
アクセス権には書き込み、読み取り、実行の3種類があり、それぞれについて、所有者、グループ、その他のユーザが持てる権限を設定します。
インターネット上のサーバにファイル書き込みプログラムを公開する際、「ローカル環境ではファイルへの書き込みができていたのに、サーバ上ではできない」という場合には、まず書き込みをするファイルのアクセス権を確認しましょう。読み取り専用になっているとプログラムから書き込みができずエラーになります。
なお、インターネット上のWebサーバにファイルをアップロードする場合、FTPソフトや、よりセキュリティの強いSFTPソフトというファイル転送ソフトを使用します。たいていのソフトでは、アップロードしたファイルのアクセス権を簡単に設定できます。

書き込みと改行コード

先ほどの書き込みプログラムを修正し、複数行の書き込みをしてみましょう。

リスト9-9　複数行ファイル書き込みプログラム（multi_write.php）

```
<?php
  $fp = fopen("test.txt", "w");
  if ($fp){
    fwrite($fp, "書き込みテスト1行目\n");
    fwrite($fp, "書き込みテスト2行目");
    fclose($fp);
    echo '書き込みました。';
  } else {
    echo 'エラーが起きました。';
  }
?>
```

実行結果

```
書き込みテスト1行目↩
書き込みテスト2行目
```

改行は、目に見えない改行コードというものによって表現されていることは説明しましたが、ファイルに書き込みする場合にも、改行の表現には改行コードを入れる必要があります。

書き込みテスト1行目の末尾に「\n」があります。これが改行コードです。文字コードやフォントの違いによって「¥n」と表示されることもあります。これは特別なコードなので、必ずダブルクォーテーション（"）で囲む必要があります。シングルクォーテーション（'）だと、「\n」という文字列がそのまま出力されてしまいます。

file_put_contentsですべて書き込む

fopenでファイルを開き、fwriteで書き込み、fcloseでファイルを閉じる。これが基本の流れですが、それらをまとめて行うことのできる関数がfile_put_contents関数（ファイルプットコンテンツかんすう）です。

```
file_put_contents( ファイル名, 書き込み内容 )
```

先ほどの複数行の書き込みも、このようにまとめて行うことができます。

```
<?php
  $contents = "書き込みテスト1行目\n書き込みテスト2行目";
  file_put_contents( “test.txt” , $contents);
?>
```

Check Test

Q1 PHPプログラムで改行コードを表す記号はなんですか？

Q2 ファイル関数についての説明です。空欄を埋めてください。

ファイルを１行ずつ読み込むには、[A] 関数でファイルを開き、[B] 関数で１行ずつ読み込み、[C] 関数でファイルを閉じる。

ファイルへ書き込むには、[A] 関数でファイルを開き、[D] 関数で書き込み、[C] 関数でファイルを閉じる。

第10章

フォーム

リクエストの方式には、URLに埋め込むGETメソッドと、HTMLフォームを使って送信するPOSTメソッドがあります。基礎を学んだら、2つのメソッドを活用し、サークルサイトにアルバム機能を作りましょう。

この章で学ぶこと

1 _ GETメソッド

2 _ POSTメソッド

3 _ 画像のアップロード

Introduction

10 1

GETメソッド

リクエストの種類

ブログで「次のページ」というリンクをクリックすると、URLの末尾に「page=2」といったパラメータが付くことがあります。また、ネットショッピングやお問い合わせフォームで名前や住所を入力して送信したことがある方も多いはずです。

Webアプリケーションでは、Webページを表示するだけでなく、そのページを見ている人と双方向でデータのやりとりをしたい場合があります。クライアント（端末、ブラウザ）からサーバへのリクエストを送信する方法には、GET（ゲット）メソッドとPOST（ポスト）メソッドの2種類があります。

GETメソッドはURLにデータを載せる方式で、少量のデータ送信に向きます。POSTメソッドはHTMLフォームなどから送信する方式で、大量のデータ送信に向きます。送りたいデータの性質によってどちらを利用するか決めます。

まずは、GETメソッドから勉強していきましょう。

GETメソッドの形式と特徴

GETメソッドでは、URLの末尾に「?」を付け、「パラメータ名=値」という形式でデータを付与します。

GET メソッド

ブログの次ページへのリンクや、カテゴリー別ページへのリンクを見ると、このようなGETメソッドを使ったリンクになっていることがあります。

プログラムではパラメータ名が要素名となる連想配列の一要素としてデータを受け取り、処理することができます。

ただし、URLには文字数制限があるので、大量のデータは送信できません。また、URLにパラメータを含めるので、送ったデータを隠すことができません。

このことから、ブログの次のページを表示させるような、個人を特定しない簡単なデータのやりとりに向いています。

GETメソッドのリクエストと受け取り

では、実際にGETメソッドのリクエストを処理してみましょう。

次のプログラムをget.phpというファイル名でドキュメントルートに保存してください。

リスト 10-1　get.php

```
<?php
  $page = $_GET['page'];
  echo 'リクエストされたページは' . $page . 'です';
?>
```

プログラムができたら、ブラウザから「http://localhost/get.php?page=2」にアクセスしてみましょう。

次のように、URLに付与した値が表示されていれば成功です！

実行結果

```
リクエストされたページは2です
```

スーパーグローバル変数

先ほどのプログラムに、見たことのない変数が使われていましたね。

```
$_GET['page']
```

これはPHPが備える変数で、**スーパーグローバル変数**といいます。プログラムのどこからでもアクセスできる特別な変数です。

GETメソッドのスーパーグローバル変数は、内部では連想配列として展開されます。URLに付与されたパラメータ名が連想配列のキーになり、=以降の値は連想配列の値になります。

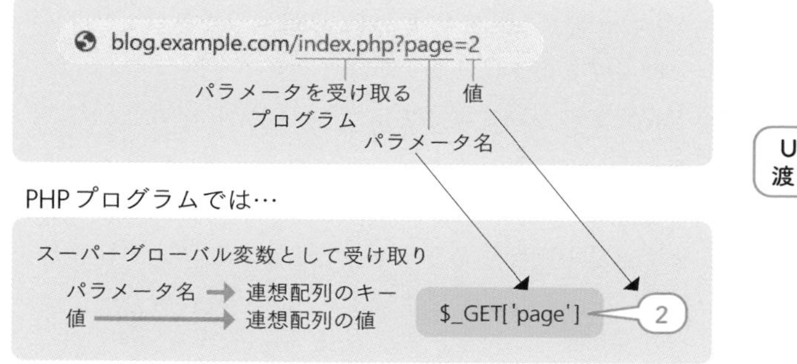

GETリクエストとプログラム上の関係

GETリクエストでは複数のパラメータを送信することもできます。

get.phpを次のように修正してみましょう。

リスト10-2 get.phpを修正（get-multi.php）

```
<?php
  foreach ($_GET as $key => $value){
    echo 'キー：' . $key . '<br>';
    echo '値：' . $value . '<br><br>';
  }
?>
```

作成したget.phpに対し、複数のパラメータを送信してみましょう。ブラウザから「http://localhost/get.php?param1=1¶m2=2¶m3=3」にアクセスしてください。キーと値の組が3つ表示されれば成功です。

実行結果

```
キー：param1
値：1

キー：param2
値：2

キー：param3
値：3
```

このように、複数のパラメータを送信する場合は、URLの?以降に「パラメータ=値」の組を&でつないで書きます。

ここではGETメソッドの働きについて確認するため、URLに記載されたキーと値の組み合わせを表示しました。

しかし、GETメソッドの値をそのまま表示するのは、予期せぬパラメータが送られるなどセキュリティとして問題があります。どのような問題が起きるかと対策は第13章で触れますので、この章ではGETメソッドの利用方法について解説しています。

Check Test

Q1 GETメソッドについての説明です。空欄を埋めてください。

GETメソッドは、URLの末尾に「?」を付け、 A = B の形式でデータを送信する。

Q2 次のURLからGETメソッドで得ることができる変数名と値を答えてください。

```
http://localhost/index.php?name=sasaki&age=25
```

10 2 POSTメソッド

次に、POSTメソッドについて学びましょう。GETメソッドと違って少し複雑なリクエスト方法です。HTMLフォームを使って送信し、大容量データを送信するのに適しています。画像のアップロードや長い文章の送信などはPOSTメソッドで行います。

POSTメソッドの受け取り

POSTメソッドはHTMLフォームから送信しますが、GETメソッドと同様に、スーパーグローバル変数で次のように受け取ることができます。

```
$_POST['キー名']
```

では、どのようにしてPOSTメソッドでデータのリクエストを行えばよいのでしょうか？ それにはまず、HTMLフォームを理解する必要があります。

HTMLフォーム

HTMLフォーム（エイチティーエムエル）とは、テキストボックスやテキストエリア、セレクトボックスからなるWebページの部品群です。単に**フォーム**ともいいます。フォームに入力された内容をPOSTメソッドで送信し、PHPで受け取ります。

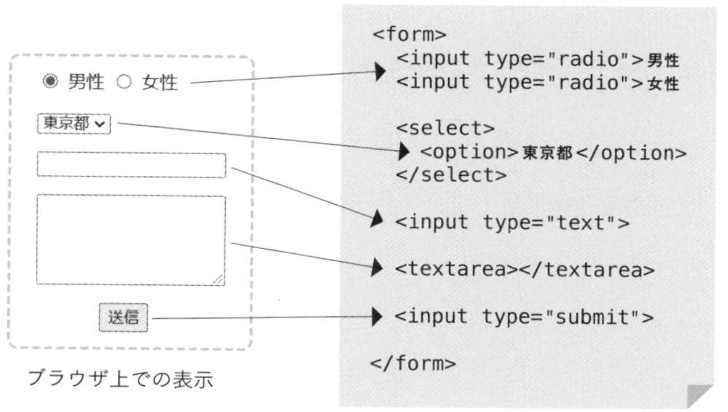

ブラウザ上でのフォーム表示と、HTMLの対応

では、基本的なフォーム部品を押さえておきましょう。

form

どこからどこまでが送信する内容なのか示すためのタグです。formタグに挟まれた部分のデータを送信します。

```
<form action="送信先のURL" method="post"> ~ </form>
```

送信先のURLには、データの送り先のファイル名が入ります。methodは、POSTかGETのどちらで送信するかを書きます。一般的にはフォームを使った送信時はpostと書き、POSTメソッドで送信します。

input（テキストボックス）

入力フォームを作成するためのタグです。type属性を変えることで、ブラウザ上での見た目と送信されるデータ内容を変えることができます。

```
<input type="text" name="キー名">
```

typeがtextだと、1行のテキストボックスになります。name属性の値が送信後のキー名になり、入力内容が$_POST変数に格納されています。

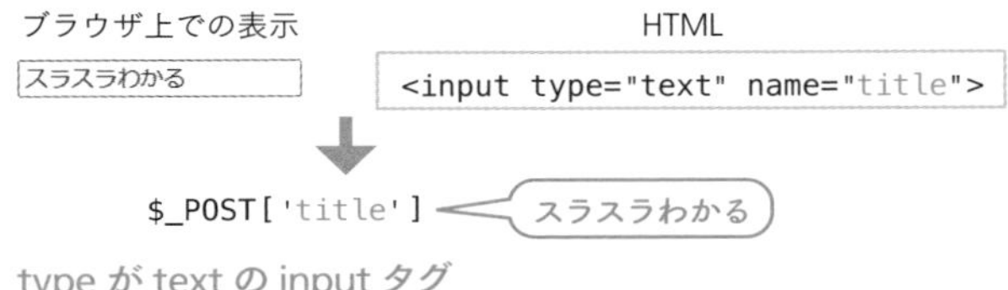

type が text の input タグ

input（ラジオボタン）

typeがradioだと、複数の選択肢の中から1つだけを選ぶラジオボタンになります。name属性の値が送信後のキー名になり、value属性が送信される値になります。

ラジオボタンは「男性／女性／その他」「はい／いいえ」のように、複数の回答から1つを選ぶためのものです。複数のinputタグに対して同じname属性を与えることで同じグループの選択肢となります。

type が radio の input タグ

input（送信ボタン）

typeがsubmitだと送信ボタンになります。valueの値がボタンの上に書かれる文字になり、ボタンが押されるとformタグのaction属性に指定されたURLにデータを送信します。

```
<input type="submit" value="ラベル名">
```

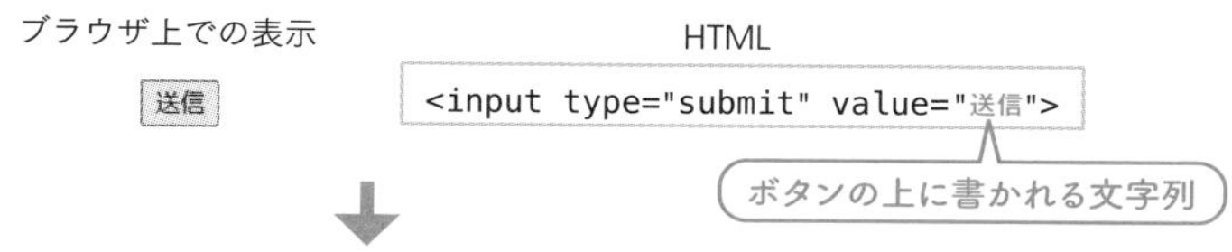

type が submit の input タグ

textarea

複数行入力できるテキストエリアを作るタグです。

```
<textarea name="キー名"></textarea>
```

name属性の値が送信後のキー名になります。

textarea タグ

ネットショップの備考欄などでは、「その他ご要望をお書きください」とすでにテキストエリアに文章が入力されている場合があります。このように、あらかじめテキストが入力された状態にしたいときは、textareaのタグ内に文字列を書きます。

```
<textarea name="other">その他ご要望をお書きください</textarea>
```

select

selectはセレクトボックス（プルダウンメニュー）を作るためのタグです。

住所を入力する際の都道府県の選択などで目にしたことがあるかもしれません。

select タグ

selectタグに挟まれた部分がグループとなり、optionタグが1つ1つの選択肢になります。selectタグのname属性は、データ送信後のキー名です。変数の値には、選択されたoptionのvalue属性が格納されています。

HTML フォームから PHP へデータの送受信

では、簡単なアンケートフォームを作成し、POSTメソッドの送受信を試してみましょう。

送信側HTML

ドキュメントルートにPOSTメソッドをテストするためのフォルダ「post」を作成し、次のHTMLをenquete.htmlとして保存しましょう。

リスト10-3 送信側HTML（enquete.html）

```
<html>
  <head>
    <meta charset="UTF-8">
    <title>アンケート送信テスト</title>
  </head>
  <body>
    <h1>アンケートフォーム</h1>
    <form action="post.php" method="post">
      <p>お名前：<input type="text" name="name"></p>
      <p>性別：
```

```
        <input type="radio" name="gender" value="man"> 男性
        <input type="radio" name="gender" value="woman"> 女性
      </p>
      <p>評価：
        <select name="star">
          <option value="1">★☆☆☆☆</option>
          <option value="2">★★☆☆☆</option>
          <option value="3">★★★☆☆</option>
          <option value="4">★★★★☆</option>
          <option value="5">★★★★★</option>
        </select>
      </p>
      <p>ご意見</p>
      <p><textarea name="other"></textarea></p>
      <input type="submit" value="送信">
    </form>
  </body>
</html>
```

受信側プログラム

次に、HTMLからデータを受け取るPHPプログラムを作成します。enquete.htmlの`form`タグの`action`にある通り、このファイル名はpost.phpにし、同じくpostフォルダに保存してください。

リスト10-4 受信側プログラム（post.php）

```
<?php
  // お名前
  $name = $_POST['name'];

  // 性別
  $gender = $_POST['gender'];
  if ($gender == "man"){
    $gender = "男性";
  } else if ($gender == "woman"){
    $gender = "女性";
  }

  // 評価
  $tmp_star = $_POST['star'];
  $star = '';        // 画面へ出力する用の文字列
  for ($i = 0; $i < $tmp_star; $i++){
    $star .= '★'; // 送信された評価の数だけを追加
  }
```

```
    for (; $i < 5; $i++){
      $star .= '☆'; // 「5−送信された数字」の分だけ☆を追加
    }

    // ご意見
    $other = $_POST['other'];
?>
<html>
  <head>
   <meta charset="UTF-8">
   <title>アンケート結果</title>
  </head>
  <body>
    <h1>アンケート結果</h1>
    <p>お名前：<?php echo $name; ?></p>
    <p>性別：<?php echo $gender; ?></p>
    <p>評価：<?php echo $star; ?></p>
    <p>ご意見：<?php echo nl2br($other); ?></p>
  </body>
</html>
```

プログラムを作成したら、「http://localhost/post/enquete.html」からアンケートを送信しましょう。

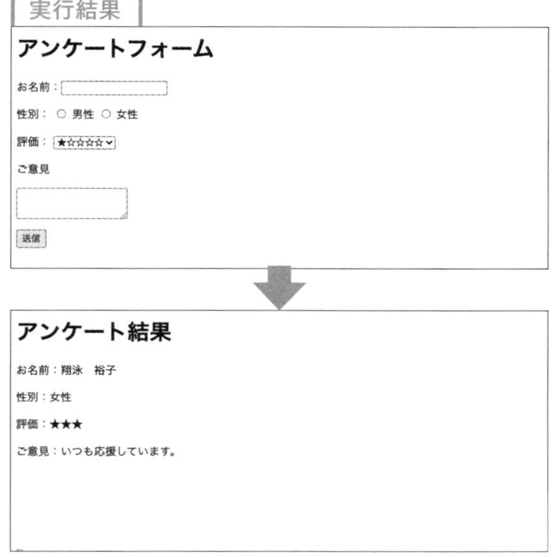

enquete.htmlで評価の星の数を選択すると、PHPには数字が送信されます。出力文字列を作成する部分では、受け取った数字をもとに、★と☆の個数を調整していきます。

はじめのfor構文では、$iが0から受け取った数字になるまで、画面出力用文字列の$starに★を追加していきます。

次のfor構文では、最初の式（式1：変数の初期化）は書かれておらず、セミコロンだけになっています。★を数えた$iの値をそのまま使うため、初期化の式が不要だからです。初期化が必要ない場合は式を省略してかまいませんが、その場合でもセミコロンは書かなくてはなりません。

HTMLは簡単に改ざんできてしまう

HTMLに詳しい人やブラウザの扱いに慣れている人は、HTMLを直接書き換えてしまう可能性があります。このプログラムでは、送られてきたデータが本当に前の画面から送信されたものなのかということがわかりません。

例えばGoogle Chromeでは、ページを右クリックして［要素を検証］をすることで、HTMLの内容を書き換えることができます。それにより、性別のvalue属性をmanでもwomanでもないものに変えたり、評価の数字を1から5でなく他の数字や文字列に変えたりして、プログラムを破綻させることもできてしまいます。

性別の受け取り方法を変える

送信される性別は「man」と「woman」のどちらかだと想定していましたが、簡単にHTMLを改ざんできてしまうのであれば、それ以外の値が送信されてきたとき、$genderにはなにも代入されずにアンケート結果表示画面では空欄になってしまいます。あらかじめ決めた値以外受け付けないのであれば、性別の受け取り部分を次のように書き換えるとよいでしょう。

```
// 性別
$gender = $_POST['gender'];
if ($gender == "man"){
  $gender = "男性";
} else if ($gender == "woman"){
  $gender = "女性";
} else {
  $gender = "不正な値です";
}
```

評価の受け取り方法を変える

評価の数字を受け取る部分では、100のような大きい数字が送信された場合、★が100個出力されてしまいます。また数字でなく文字列が送信された場合、★を出力する1つ目のfor構文では、$iを0からいくつまで加算すればいいのかわかりません。

このことから、評価の数字は「数字であること」と「1～5であること」のどちらも満たす必要があります。まず数字であることを確かめるために、intval関数を使いましょう。

```
intval(変数名)
```

この関数は、引数に指定された変数に代入された値を、整数として返します。文字列などの整数以外のデータのときは、整数に変換できないため0を返します。これを利用して、評価受け取り部分を修正しましょう。

```
// 評価
$tmp_star = intval($_POST['star']);  // 整数として受け取る
$star = ''; // 画面へ出力する用の文字列
if ($tmp_star < 1 || $tmp_star > 5){ // 1～5であるかのチェック
  $star = "不正な値です";
} else {
  for ($i = 0; $i < $tmp_star; $i++){
    $star .= '★'; // 送信された評価の数だけ★を追加
  }
  for (; $i < 5; $i++){
    $star .= '☆'; // 「5－送信された数字」の分だけ☆を追加
  }
}
```

intval関数で$_POST['star']を整数として受け取り、$tmp_starが1より小さいか5より大きい場合には「不正な値です」と表示しています。

このように、Webプログラミングにおいては、必ずしも期待したデータが送信されてくるとは限りません。送信されるデータは常に疑って受け取ることが大切です。

このプログラムはPOSTメソッドと外部入力への対応について説明するものであり、セキュリティの対策はしていません。セキュリティ対策については第13章を参考にしてください。

Check Test

Q1 POSTメソッドについての説明です。空欄を埋めてください。

POSTメソッドは大量のデータや　A　をするときに使う。

Q2 HTMLフォームに関する説明です。空欄を埋めてください。

submitボタンを押すと、　A　タグに囲まれた内容を送信する。

Q3 次のフォーム部品について、HTMLタグで示してください。

❶name属性はtitle

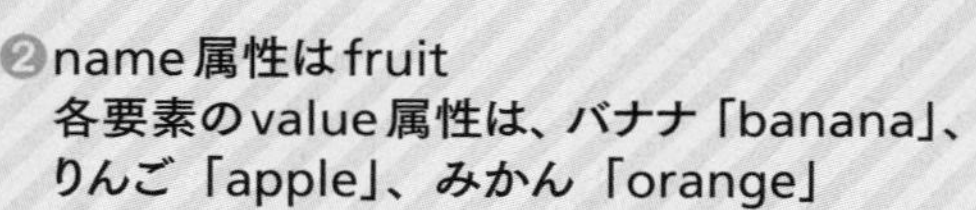

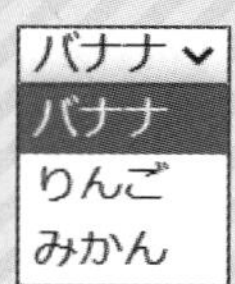

❷name属性はfruit
各要素のvalue属性は、バナナ「banana」、りんご「apple」、みかん「orange」

❸name属性はgender
各要素のvalue属性は、男性「male」、女性「female」

○ 男性　○ 女性

10 3 画像のアップロード

では、送信メソッドの基礎がわかったところで、サークルサイトに画像のアップロード機能を追加しましょう！

画像アップロード機能の概要

画像アップロード機能には3つのステップがあります。

●ステップ1：POSTメソッドで画像のアップロード

`type`が`file`の`input`タグを使い、画像アップロード用のupload.phpを作ります。

●ステップ2：画像の保存

アップロードされた画像を、サーバ内の決められたフォルダに保存します。

●ステップ3：画像フォルダ内の画像を一覧表示

album.phpで画像を一覧表示します。［次へ］を押して次の画像を数枚ごとに表示する**ページング機能**（きのう）も持たせます。

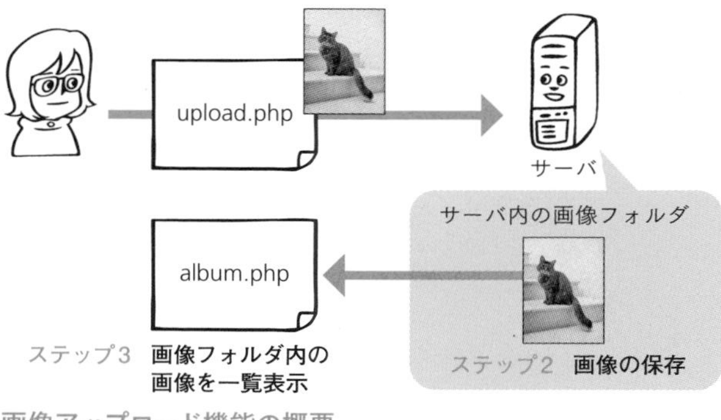

画像アップロード機能の概要

第10章 フォーム

ステップ1：POSTメソッドで画像のアップロード

upload.phpには、POSTされたデータがなければアップロードフォームを表示し、あれば画像を保存する機能を持たせます。そのため、画像アップロードフォームは、actionの指定先が自分自身になります。POSTされたデータの処理についてはステップ2で修正をしていくので、まずはフォームの表示部分を作りましょう。

以前と同じように、index.phpのコピーをupload.phpという名前でtennisフォルダに保存し、本文部分を次のように修正しましょう。

リスト10-5 画像アップロードフォーム（upload.php）

```
<!-- ここから「本文」-->

<h1>画像アップロード</h1>
<form action="upload.php" method="post" enctype="multipart/⏎
form-data">
  <div class="form-group">
    <label>アップロードファイル</label>
    <input type="file" name="image" class="form-control-file">
  </div>
  <input type="submit" value="アップロードする" class="btn btn-⏎
primary">
</form>

<!-- 本文ここまで -->
```

Bootstrapを使った美しいデザインを反映させるため、直接の機能と別に追加した部分については、このように示しています。

保存ができたら、「http://localhost/tennis/upload.php」にアクセスして実行結果を確認します。

実行結果

サークルサイト　お知らせ　アルバム　掲示板

画像アップロード

アップロードファイル

ファイルを選択 選択されていません

アップロードする

formタグ内のenctypeという属性で、multipart/form-dataを指定しています。これは、通常のPOST送信と違って画像ファイルなどをアップロードするときに指定する属性です。

inputタグのtype属性にfileを指定していると、アップロードするためのファイル選択フォームになり、name属性がPOSTされたデータの変数名になります。

次のステップに進む前に、navbar.phpを修正し、ナビ部分にupload.phpと、後ほど作成するアルバムページのalbum.phpへリンクを追加しましょう。

リスト10-6 album.phpへのリンクを追加（navbar.php）

```
<li class="nav-item"><a class="nav-link" href="info.php">⏎
お知らせ</a></li>
<li class="nav-item"><a class="nav-link" href="upload.php">⏎
画像アップロード</a></li> ← 追加
<li class="nav-item"><a class="nav-link" href="album.php">⏎
アルバム</a></li> ← 変更
<li class="nav-item"><a class="nav-link" href="#">掲示板</a></li>
```

ステップ2：画像の保存

次に、upload.phpに画像保存機能を付けます。まず、画像がどのようにサーバにアップロードされるのか流れを確認しましょう。

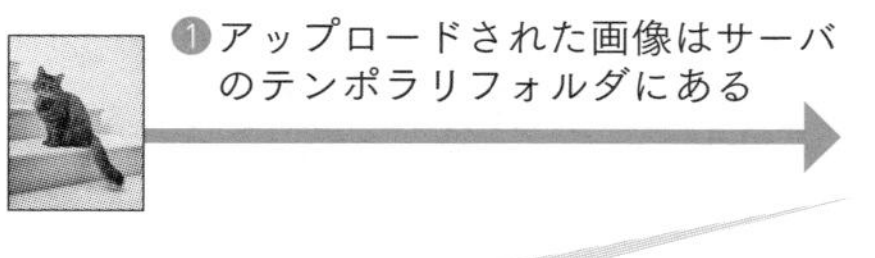

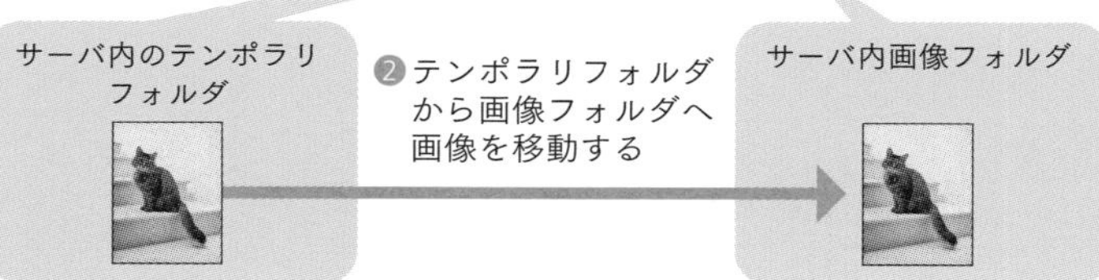

画像アップロード時の内部の動き

アップロードされた画像は、サーバ内の**テンポラリフォルダ**という場所に自動的に保存されます。テンポラリとは「一時的」という意味で、アップロードされたそのときにしか保存されません。ファイルをアップロードすると、プログラムの開始時に画像がテンポラリフォルダにアップロードされ、プログラムが終わったときにその画像が破棄されます。

このため、テンポラリフォルダという一時的な場所にある画像を、サークルサイト内の画像フォルダに移動する必要があります。

upload.phpの修正

まずは、サークルサイト内に画像を保存するためのフォルダを作成しましょう。サークルサイトの公開フォルダ（C:¥xampp¥htdocs¥tennis）にalbumというフォルダを作成します。

では、upload.phpを修正していきましょう。

リスト10-7 upload.phpを修正（upload-2.php）

```
<?php
  $msg = null;     // アップロード状況を表すメッセージ
  $alert = null;   // メッセージのデザイン用

  // アップロード処理
  if (isset($_FILES['image']) && is_uploaded_file($_FILES⏎
['image']['tmp_name'])){
    $old_name = $_FILES['image']['tmp_name'];
```

```
    $new_name = $_FILES['image']['name']; ●──❶
    if (move_uploaded_file($old_name, 'album/'.$new_name)){
      $msg = 'アップロードしました。';
      $alert = 'success'; // Bootstrapで緑色のボックスにする
    } else {
      $msg = 'アップロードできませんでした。';
      $alert = 'danger';  // Bootstrapで赤いボックスにする
    }
  }
?>
<!doctype html>
<html lang="ja" >
（略）
        <h1>画像アップロード</h1>
        <?php
          if ($msg){
            echo '<div class="alert alert-'.$alert.'" role=⏎
"alert">'.$msg.'</div>';
          }
        ?>
        <form action="upload.php" method="post" enctype=⏎
"multipart/form-data">
```

修正後のupload.phpでは、冒頭でメッセージ表示を行うための$msgと、そのメッセージを表示するときのボックスの色を決める$alertという変数を作成します。どちらもnullを代入しておき、アップロード状況がないことを明示しておきます。画像がアップロードされていれば$msgと$alertに文字列が代入されます。

このページを開いた直後はファイルがなにもアップロードされていませんので、$msgはnullとなり、本文に表示されません。

画像のアップロード処理

アップロード処理では、はじめのif構文でアップロードされたファイルがあるか、またそのファイルが正しくアップロードされたものであるかを調べています。is_uploaded_file関数は、引数のファイル名を指定すると、正しい手順でアップロードされたものであればTRUEを、そうでなければFALSEを返します。

```
is_uploaded_file(ファイル名)
```

upload.phpで引数に指定したのは、`$_FILES`から始まるグローバル変数です。アップロードしたファイルについての情報を持った連想配列になっています。1つ目の要素は`input`タグで付けた`name`属性の値です。2つ目の要素は次のような各種情報が格納されています。

```
$_FILES['image'][…]
```

'image' : inputタグのname属性の値と同じ

name	アップロードしたオリジナルファイルのファイル名
type	ファイルの種類（MIMEタイプ）
tmp_name	テンポラリフォルダにアップロードされたときに自動的に付けられた仮の名前
error	エラーコード
size	ファイルサイズ

$_FILES 配列の内容

`type`は、**MIME（マイム）タイプ**と呼ばれるファイルの種類です。例えばデジカメで撮ったjpegの写真は「image/jpeg」というように、ファイルの種類によってMIMEタイプが決まっています。

`error`（エラーコード）は、正しくアップロードされてエラーがないときは0、それ以外のときにはエラーの理由を示す数字が入ります。

`var_dump`で`$_FILES`配列を見てみるとイメージがつかみやすいでしょう。

テンポラリフォルダからのファイル移動

次に、`$_FILES`配列の`tmp_name`と`name`の値を使って、テンポラリフォルダにあるファイル名とオリジナルのファイル名を取得しています。その後、`move_uploaded_file`関数を使って、テンポラリフォルダからalbumフォルダに画像を移動します。この関数は、正しく移動できればTRUEが返り値になります。

```
move_uploaded_file(移動元ファイル名, 移動先ファイル名)
```

このプログラムでは、テンポラリフォルダのファイルをalbumフォルダ以下に`$new_name`として保存し、結果メッセージを表示します。試してみましょう！

実行結果

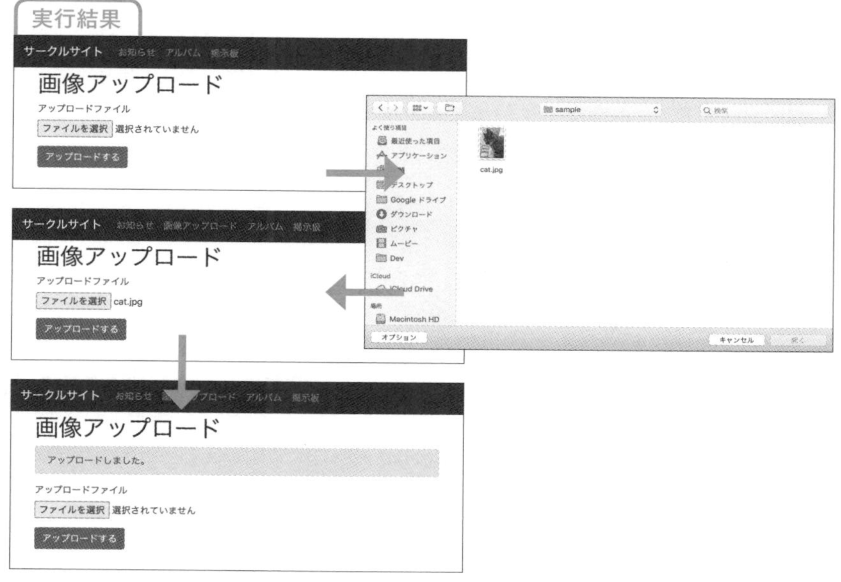

画像ファイル名に一工夫しよう！

先ほどのプログラムでは、テンポラリフォルダからalbumフォルダ内に画像を移動したとき、元のファイル名を利用するため、すでに同じファイル名の画像があると上書きされてしまいます。新しいファイル名を元のファイル名から付けるのではなく、プログラム側で決めるように一工夫しましょう。

リスト10-7のupload.phpで`$new_name`を決める部分❶を、次のように書き換えます。

リスト10-8 upload.phpの$new_nameを決める部分を修正（upload-3.php）

```
$new_name = date("YmdHis"); // ベースとなるファイル名は日付
$new_name .= mt_rand();     // ランダムな数字も追加
$size = getimagesize($_FILES['image']['tmp_name']);
switch ($size[2]){
  case IMAGETYPE_JPEG:
    $new_name .= '.jpg';
    break;
```

第10章 フォーム

```
  case IMAGETYPE_GIF:
    $new_name .= '.gif';
    break;
  case IMAGETYPE_PNG:
    $new_name .= '.png';
    break;
  default:
    header('Location: upload.php');
    exit();
}
```

この修正により、新しいファイル名は年月日時分秒+ランダムな数字からなるファイル名になり、MIMEタイプから拡張子（.jpgや.png）を付けるようになりました。こうすることで、アップロード前のファイル名が同じでも、アップロード後にファイルが上書きされる心配が少なくなります。

また、拡張子を決定する際、画像以外のファイルがアップロードされていたらupload.phpに遷移し直し、アップロードフォームを再表示することで、画像以外のファイルがアップロードされるのを防いでいます。

画像の種類は`getimagesize`関数を使って調べます。この返り値は配列で、0番目が画像の幅、1番目が画像の高さ、2番目が画像の形式を返します。2番目である`$size[2]`は、GIFなら1、JPEGなら2といった画像の種類を表す数値です。数値のままだとわかりにくいので、PHPでは画像の種類と番号を定数として定めてあります。

```
getimagesize(ファイル名)
```

ファイル名を決めるために使った関数についても学びましょう。

date関数

現在時刻をフォーマット文字列にそって作成し、日付文字列を返す関数です。

```
date(フォーマット文字列)
```

date("YmdHis")のYは西暦を表し、2021のような文字列になります。フォーマットに使える代表的な文字は次の通りです。

フォーマットで使える文字

フォーマット文字	説明	出力例
Y	4桁の年	2021
y	2桁の年	21
m	2桁の月で、先頭に0が付く	01や12
n	先頭に0の付かない月	1や12
d	2桁の日で、先頭に0が付く	01や15
j	先頭に0の付かない日	1や15
H	2桁の時（24時間単位）で、先頭に0が付く	00から23
i	2桁の分で、先頭に0が付く	00から59
s	2桁の秒で、先頭に0が付く	00から59

例えば、「2021/02/12」という日付を得たい場合には「Y/m/d」とします。「2021年2月12日」の場合には「Y年n月j日」とします。

mt_rand関数

```
mt_rand()
mt_rand(最小値, 最大値)
```

疑似乱数を作る関数です。引数がない場合、0からPHPが動いている環境で生成できる乱数の最大値までの数字のうちどれかが返り値になります。最小値と最大値を引数にすれば、その区間のどれかの数字が返り値になります。

《 Memo 》

PHPの疑似乱数

ランダムな数字だから「乱数」のはずなのに、PHPで扱う乱数は「疑似乱数」といいます。なぜ「疑似」なのでしょうか？
疑似乱数は、私たちには一見完全なランダムの値に見えますが、実際にはなんらかの計算式によってはじき出された数字なので、疑似なのです。
疑似乱数を決めるときの元になるものをシードといいます。あるタイミングでまったく同じシードのときに疑似乱数を生成すれば、返る値は同じになります。
PHPのmt_rand関数は、シードを自動的に生成しています。あくまでも疑似乱数ですから過度にランダムであることを信頼できませんが、「タイミングによっては生成された値が被ることもある」と念頭において便利に使っていきましょう。

ステップ3：画像フォルダ内の画像を一覧表示

アップロードができたら、コピーしていたindex.phpを元にalbum.phpというファイルを作り、画像フォルダ内の画像を一覧表示しましょう。

リスト10-9 album.php

```
<?php
  $images = array();  // 画像ファイルのリストを格納する配列

  // 画像フォルダから画像のファイル名を読み込む
  if ($handle = opendir('./album')){
    while ($entry = readdir($handle)){
      // 「.」および「..」でないとき、ファイル名を配列に追加
      if ($entry != "." && $entry != ".."){
        $images[] = $entry;
      }
    }
    closedir($handle);
  }
?>
<!doctype html>
```

```
<html lang="ja" >
（略）
        <!-- ここから「本文」 -->

        <h1>アルバム</h1>
<?php
  if (count($images) > 0){
    echo '<div class="row">';
    foreach ($images as $img){
      echo '<div class="col-3">';
      echo '  <div class="card">';
      echo '    <a href="./album/'.$img.'" target="_blank">⏎
<img src="./album/'.$img.'" class="img-fluid"></a>';
      echo '  </div>';
      echo '</div>';
    }
    echo '</div>';
  } else {
    echo '<div class="alert alert-dark" role="alert">画像はまだ⏎
ありません。</div>';
  }
?>
        <!-- 本文ここまで -->
```

Bootstrapのデザインを反映させるために追加した部分を、このように示しています。

実行結果

冒頭のPHPコードでは、画像フォルダ内のファイル名を読み込み、配列に格納しています。本文部分のPHPコードは、読み込んだファイル名を元に、imgタグで画像を表示しています。画像はアップロードされたままの状態で表示されると見づらいので、Bootstrapで小さく表示してあります。画像をクリックすると大きな画像が表示されます。

画像の読み込み

まずは、冒頭部分である画像の読み込みについて確認していきましょう。opendir関数でフォルダを開きます。ファイルの読み書きと同様、フォルダの一覧を読み込むときにもフォルダを開く必要があります。引数に指定されたフォルダを開き、**ディレクトリハンドル**を返します。これはどこのフォルダを開いているか示すためのもので、サーバとして使われることが多いOSではフォルダのことをディレクトリと呼ぶため、「ディレクトリを操作するもの」という意味があります。

```
opendir(フォルダ名)
```

正しくフォルダを開くことができたら、フォルダ内のファイルを読み込みます。readdir関数は、引数のディレクトリハンドルからファイル名を読み込んで返り値にし、取得できなくなるとFALSEを返します。

```
readdir(ディレクトリハンドル)
```

プログラムではwhile構文を使ってファイル名を取得し、変数$entryに格納していきます。while構文の式では、readdir関数によりファイル名が取得できている限り条件式がTRUEになるためループし続け、すべてのファイルを読み込んだらFALSEとなってループを抜けます。

$images配列に格納するのは、ファイル名が「.」と「..」以外のときです。なぜこの処理が必要かというと、サーバ上でファイル名の一覧を取得すると、現在のフォルダを示す「.」と、1つ上の階層のフォルダを示す「..」も取得してしまうためです。今回は画像ファイルだけ取得したいので、if構文でこの2つを除外しましょう。$images[]とすることで、$images配列の新しい要素に代入することができます。

ファイルの取得が終わったら、ファイルの読み書きをしたときと同様に、closedir関数を使ってフォルダを閉じましょう。

```
closedir(ディレクトリハンドル)
```

読み込んだ画像の表示

本文部分のPHPコードでは、取得した画像ファイル名を元に画像を表示させています。

画像ファイル名が入った`$images`配列を`count`関数で数えて、0以上だったら画像表示処理へ移ります。フォルダが正しく開けない場合や、画像がまだアップロードされていない場合は、`$images`配列が空ですので、「画像はまだありません」と表示します。

画像が1枚以上あれば、`foreach`構文を使って画像を表示しましょう。画像を表示するのは`img`タグで、`src`属性に画像へのパスを指定します。クリックして別のウィンドウで画像を表示させるため、`a`タグで`img`タグを挟みましょう。

ページング処理

画像が5枚や10枚なら1ページにすべて表示されてもよいかもしれませんが、増えてくると困りますね。そんなときに必要なのが**ページング**です。ページングとは、ブログの「次のページ」のように、たくさんある記事や写真などをある程度の個数で区切って次のページに表示させることです。

album.phpにもページング処理を入れてみましょう。

リスト 10-10 album.phpにページング処理を追加（album-2.php）

```
<?php
  $images = array();  // 画像ファイルのリストを格納する配列
  $num = 4;           // 1ページに表示する画像の枚数

  // 画像フォルダから画像のファイル名を読み込む
  if ($handle = opendir('./album')){
    while ($entry = readdir($handle)){
      // 「.」および「..」でないとき、ファイル名を配列に追加
      if ($entry != "." && $entry != ".."){
        $images[] = $entry;
      }
    }
    closedir($handle);
```

第10章 フォーム

```
  }
?>
<!doctype html>
<html lang="ja">
(略)
        <!-- ここから「本文」-->
        <h1>アルバム</h1>
<?php
  if (count($images) > 0){
    echo '<div class="row">';

    // 指定枚数ごとに画像ファイル名を分割
    $images = array_chunk($images, $num);
    // ページ数指定、基本は1ページ目を指す
    $page = 1;

    // GETでページ数が指定されていた場合
    if (isset($_GET['page']) && is_numeric($_GET['page'])){
      $page = intval($_GET['page']);  // GETでページ数を取得
      // $images[ページ数]は存在するかチェック
      if (!isset($images[$page-1])){
        $page = 1;
      }
    }

    // 画像表示
    foreach ($images[$page-1] as $img){
      echo '<div class="col-3">';
      echo '  <div class="card">';
      echo '    <a href="./album/'.$img.'" target="_blank">⏎
<img src="./album/'.$img.'" class="img-fluid"></a>';
      echo '  </div>';
      echo '</div>';
    }
    echo '</div>';

    // ページ数リンクを表示
    echo '<nav><ul class="pagination">';
    for ($i = 1; $i <= count($images); $i++){
      echo '<li class="page-item"><a class="page-link" href=⏎
"album.php?page='.$i.'">'.$i.'</a></li>';
    }
    echo '</ul></nav>';
  } else {
    echo '<div class="alert alert-dark" role="alert">画像はまだ⏎
ありません。</div>';
  }
?>
        <!-- 本文ここまで -->
```

Bootstrapのデザインを反映させるために追加した部分を、このように示しています。

実行結果

サークルサイト　お知らせ　画像アップロード　アルバム　掲示板

アルバム

1　2

冒頭に追加したのは、1ページに表示する画像の枚数、$num変数です。

本文部分に追加したコードでは、画像ファイルの配列を$num枚ごとに区切り、ページが指定されていれば指定ページを、指定がなければ1ページ目を表示するような処理になっています。では、詳しく動作を見ていきましょう。

配列の分割

array_chunk関数は、第1引数の配列を第2引数の数ごとに分割する関数で、返り値は配列です。

```
array_chunk( 分割したい配列, 分割数 )
```

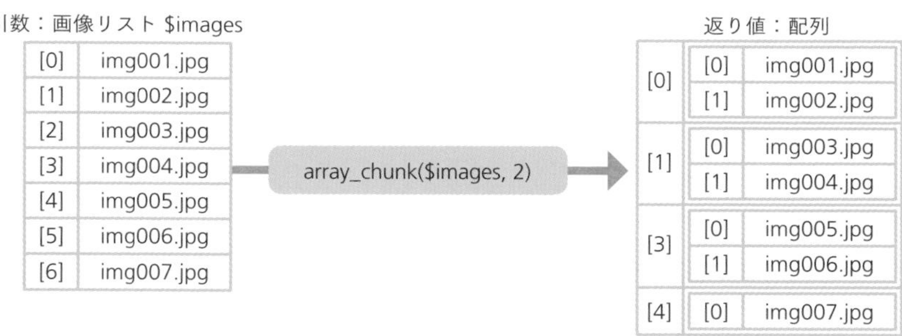

array_chunk 関数の動作

基本となるページ数は$pageに代入します。人間にわかりやすいよう、指定がない場合の基本のページ数は1ページ目とします。

GETでページ数が指定されていた場合の処理

GETメソッドでページ数が指定されていたときの処理について見ていきましょう。if構文で「GETメソッドでpageという変数が送られたか？」と「page変数が数字か？」という2点について調べます。

isset関数は変数が定義されているかどうかを調べる関数で、定義されていればTRUE、されていなければFALSEを返します。

```
isset(変数)
```

このプログラムの場合、2ページ目のリンクが押されて$_GET['page']が送られていれば、スーパーグローバル変数が自動的に定義されているため、isset関数の返り値はTRUEになります。

is_numeric関数は、引数が数値のときにTRUE、そうでないときFALSEを返します。

```
is_numeric(変数)
```

GETメソッドはURLに変数と値を指定するため、必ずしも期待する値が送られてくるとは限りません。URLを書き換えれば文字列を送ることもできます。そのため、送られてきた値がpageという変数名で、値が数字であることを二重にチェックする必要があるのです。

正しく値が送られてきていれば、$_GET['page']の値をintval関数により数値として受け取ります。

次のif構文で、指定されたページに要素があるか確認します。$images[ページ数]の配列をisset関数で調べます。冒頭に「!」が付いていますので、「もし存在しなければ」$pageに1を代入するという処理になっています。

調べるページ数は、$page-1の要素です。$imagesは配列になっていて、

1ページ目は要素番号0だからです。

画像の表示とページング用リンクの出力

画像表示部分では、foreach構文で指定するのが$images[$page-1]です。以前は$imagesだけでしたが、今回はarray_chunk関数で分割しているので、人間が指定したページ数から-1して、配列用のページ数を指定しましょう。

ページングのリンクはfor構文を使って、1ページ目から$images配列の要素数（ページ数）の分だけ表示します。

Check Test

Q1 GETメソッドについての説明です。空欄を埋めてください。

GETメソッドは［ A ］にデータを含める方式で、少量のデータ送信に向く。

Q2 POSTメソッドについての説明です。空欄を埋めてください。

POSTメソッドは［ A ］の内容を送信する方式で、大量のデータ送信に向く。

Q3 画像をアップロードした際のデータの流れを説明してください。

第10章 フォーム

第 11 章

データベース

たくさんのデータを扱うには、データベース（DB）が便利です。PHPはPDOという機能を使って、DBを扱いやすくしています。DBを使った掲示板機能を作りながら、データの取得方法や操作方法を学びましょう。

この章で学ぶこと

Introduction

11 1 データベースの基礎知識

データベースってなんだろう？

PHPでWebアプリケーションを作るときに、必要不可欠なのが**データベース**（DB）です。DBとはその名の通り「Data Base = データの基地」で、データを一箇所に集めておくことで、後から使いやすくするのが目的です。

スマホの電話帳には名前、電話番号、メールアドレスなど、決まった形式でデータを書き込んでおきますね。名前を読み順に並べておけば、目的の人の電話番号を探すのも簡単です。

コンピュータにおけるDBもまったく同じ考え方で、ある決まった形式（多くは表形式）でデータを揃えておくことで、後から探しやすく、使いやすいデータの集まりになります。

コンピュータの世界では、電話帳のようなデータの集まりを、**データベース管理システム**（DBMS：Data Base Management System）が管理しています。DBMSは**クエリ**という専用の命令文を受け取ると、データの検索や並べ替えをして結果を返してくれます。データの集まりと私たちを仲介してくれる役割があります。

一口にDBといってもたくさんの種類がありますが、ここではPHPと相性がよいMariaDBというDBMSを使うことにします。MariaDBはリレーショナルデータベース（RDB：Relational Data Base）という種類のDBで、広く利用されているオープンソースDBです。高速で動作し、使いやすく、利用料が無料です！

リレーショナルデータベースの要素

リレーショナルデータベースは、いくつかの表からなります。表のことを**テーブル**（Table）、列を**カラム**（Column）、行を**レコード**（Record）といいます。

各カラムには型があり、カラムごとにデータの形式を決めます。

Excelのような表計算ソフトの利用経験があるならば、DBは表計算ソフトで作成したファイルそのもの、テーブルはファイル内のシートで、カラム（列）とレコード（行）を持つ、と考えるとイメージが近いです。

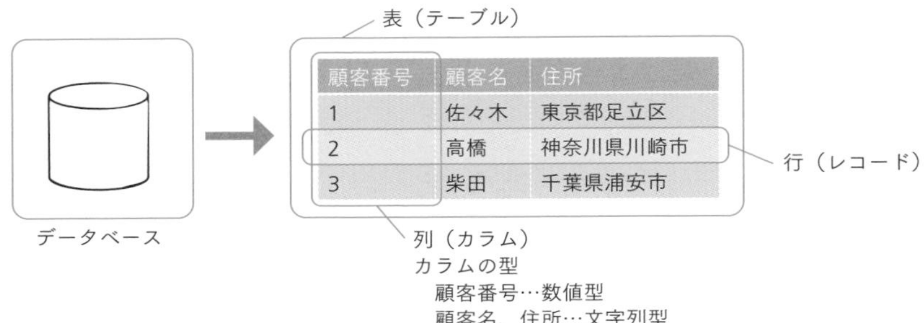

DBに関する名称

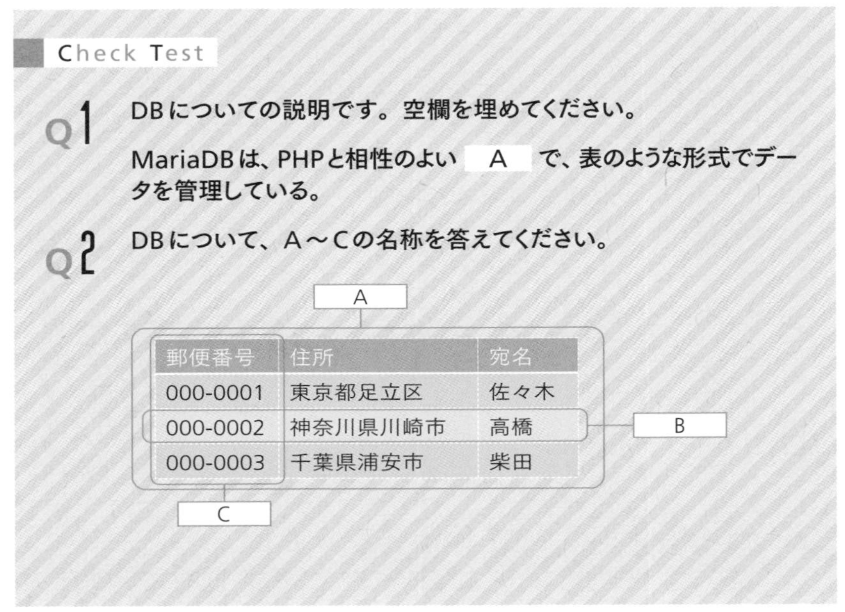

11 2 サークルサイトに掲示板を作ろう

掲示板の概要

DBとはなにかわかったところで、作成中のサークルサイトに話を戻します。サークルにはたくさんのメンバーがいるので、意見をまとめたり雑談をしたりするため、掲示板を設けることにしましょう。

まずは、掲示板の機能概要について決めます。はじめてDBを使ったプログラムを書くので、まずは簡単に、掲示板への書き込みが新しい順に表示されるようにします。書き込み内容は、名前・タイトル・本文の3つで、表示するときに書き込み日時が表示されるといいですね。

また、投稿したコメントを投稿者が削除できるように、簡単な削除パスワードを記入してもらい、投稿時と削除時でパスワードが一致したら削除できるようにしましょう。

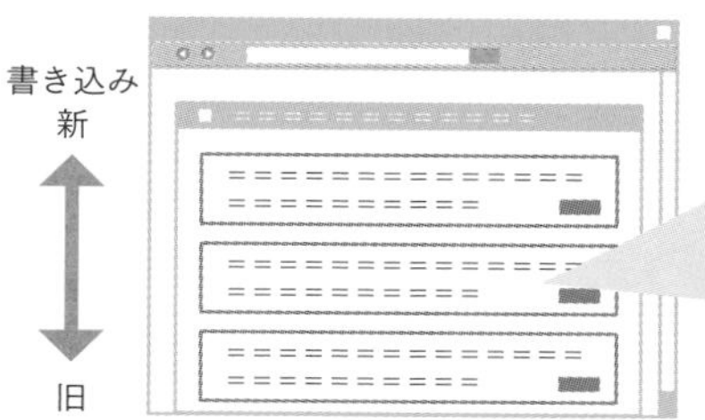

掲示板の機能概要

データベース設計

DBを使うときには、作りたい機能をもとに**データベース設計**（せっけい）をする必要があります。まず保存するデータの種類と型を決めます。サークルサイトで必要なデータは、次の6つです。

- 書き込み番号
- 名前
- 書き込みのタイトル
- 本文
- 書き込み日時
- 削除パスワード

書き込み番号を付けておくと、後で管理が楽になります。では、これらのデータをどのようなデータ型で保存するか決めましょう。

MariaDB のデータ型

MariaDBのデータ型は、大別して数値型、日付・時刻型、文字列型の3種類があります。どういったデータを保存するかにより、この3つの中から適切な型を選ぶ必要があります。

例えば郵便番号は7桁の数字ですが、0から始まるものもあるため、整数型よりも文字列型のほうが適しています。また、桁数が7桁と決まっているため、文字列型の中でも桁数を指定できる「固定長文字列型（CHAR）」という型が最適でしょう。

このように、保存したいデータによって適切な型を選択するのがDB設計の第一歩です。では、MariaDBで利用できる主なデータ型を見てみましょう。

数値型

型	型の名称	利用例
INT	整数型	連番、個数など 範囲は-2147483648～2147483647
DOUBLE	倍精度 浮動小数点数型	体重など、小数点を含むもの -1.7976931348623157^{308}～1.7976931348623157E^{308}

日付・時刻型

型	型の名称	利用例
DATE	日付型	日付 範囲は1000-01-01から9999-12-31
DATETIME	日付時刻型	日付と時刻 範囲は1000-01-01 00:00:00.000000から 9999-12-31 23:59:59.999999

文字列型

型	型の名称	利用例
CHAR	固定長 文字列型	郵便番号など、桁数が決まっているもの 0～255文字までで、作成時に桁数を決める
VARCHAR	可変長 文字列型	名前、住所など 0～65532文字までで、作成時に最大長を決める
TEXT	文字列型	本文などの長い文章

※文字列の最大長は文字セットによって異なります。十分に余裕のあるサイズを指定してください。

掲示板のデータベース設計

DB設計をする際、はじめに決めるのはDB名です。サークルサイトではテニスサークルの掲示板を作るので、「tennis」というDB名にしましょう。

次に、掲示板のデータを保存するテーブルを設計していきます。テーブル名は「bbs」にしましょう。bbsテーブルには書き込み番号、名前、書き込みのタイトル、本文、書き込み日時が必要なので、次のように設計します。

bbsテーブルの設計

カラム名	型と長さ	NOT NULL制約	説明
id	INT	○	書き込みの通し番号。主キー。自動採番にする
name	VARCHAR(255)	○	書き込んだ人の名前。長さは255文字まで
title	VARCHAR(255)	-	書き込みのタイトル。長さは255文字まで。タイトルがないときは、(無題)と表示する
body	TEXT	○	本文
date	DATETIME	○	書き込み日時
pass	CHAR(4)	○	削除パスワード。4桁の数値文字列

主キーの決め方

idは**主キー**(しゅ)となります。主キーとは、そのテーブルの中でレコードを識別する一意な値のことです。bbsテーブルの中で、idの数字は「ユニーク(=重複しない)」という性質を持ちます。

例えば、クラス名簿を作ったときはどの項目が主キーになるでしょうか？同姓同名の人がいるかもしれないので、氏名は主キーになりません。しかし、各自に振られた出席番号は、そのクラスの名簿では他人と重複しないので主キーになります。

同様に、bbsテーブルにおいても、idは書き込みの通し番号であり重複しないので、主キーにすることができます。

NOT NULL制約

NOT NULL制約(ノット ヌル せいやく)とは必須項目、つまり「そのカラムに必ずデータを入れる」という約束を示しています。NOT NULL、つまりNULLではダメという意味です。

bbsテーブルのテーブル設計を見ると、title以外のNOT NULL制約に○が書いてあり、title以外の項目にはなんらかのデータを入れる必要がある、ということを示しています。

データベースの作成

テーブル設計ができたので、MariaDBに接続してDBを作成しましょう。作成からPHPで利用する準備を終えるまでは、次のような流れになっています。この利用準備は、XAMPPから起動したコマンドプロンプトで行います。

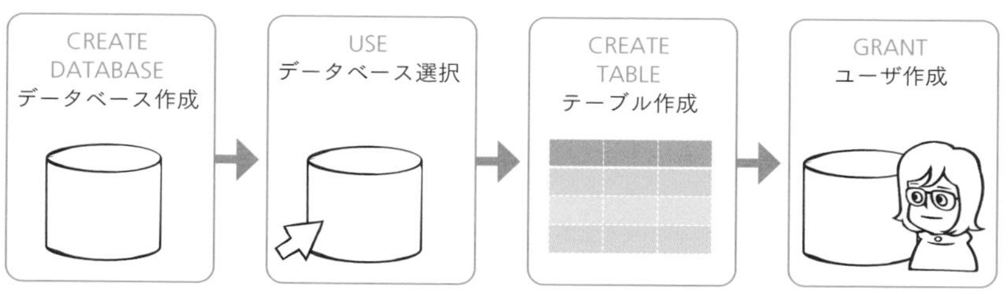

データベース利用準備

では、第3章と同じ要領でMariaDBに接続し、コマンドを実行してみましょう。

まず、XAMPPコントロールパネルの［Shell］ボタンをクリックしてコマンドプロンプトを起動します。そして、次のコマンドを実行してMariaDBにログインします。

```
mysql -u root -p
```

-uのオプションで、root（管理者権限のユーザ）としてログインします。-pのオプションを指定しているため、パスワード入力が求められます。第3章で設定したパスワードを入力してください。

実行結果

```
XAMPP for Windows - mysql -u root -p

Setting environment for using XAMPP for Windows.
Owner@DESKTOP-VCF3BNA c:¥xampp
# mysql -u root -p
Enter password: ****
Welcome to the MariaDB monitor.  Commands end with ; or ¥g.
Your MariaDB connection id is 8
Server version: 10.4.17-MariaDB mariadb.org binary distribution

Copyright (c) 2000, 2018, Oracle, MariaDB Corporation Ab and others.

Type 'help;' or '¥h' for help. Type '¥c' to clear the current input statement.

MariaDB [(none)]> _
```

DBの作成

ログインできたら、次のクエリを実行しましょう。

```
CREATE DATABASE tennis;
```

CREATE DATABASE（クリエイト データベース）文はDBを作成するための構文です。コマンドの末尾にはセミコロン（;）をつけて、命令の終わりを明示します。このようなDB用のコマンドのことを、**クエリ**といいます。

Note

クエリはSQLという言語で書かれています。ちょっとややこしいですが、SQL=日本語、クエリ=命令と考えると、日本語で「DBを作って」という命令を出すことは、SQLで「DBを作って」というクエリを実行することに対応しています。

先ほどのクエリを入力して［Enter］キーを押すと、「Query OK, 1 row affected」と表示されます。これは、入力されたクエリに文法的な間違いがなく、正しく実行できたことを表しています。エラーがあれば文法を間違えているかもしれません。見直してみましょう。

Note

DROP DATABASE文で、作成したDBを削除できます。DB内に作成されていたテーブルも一緒に削除されます。

```
DROP DATABASE tennis;
```

DBの選択

続いて、次のクエリを実行します。

```
USE tennis;
```

USE文（ユーズぶん）は、作成したDBを利用するための構文です。ファイルを作成したら開かないと文章が書き込めないように、DBも作った後でUSE文を使い、利用するDBを選択する必要があります。

「Database changed」と表示され、MariaDBの後ろに選択したDB名が表示されていれば、正しくDBを選択できています。

実行結果

```
MariaDB [(none)]> use tennis;
Database changed
MariaDB [tennis]>
```

テーブルの作成

では、tennisデータベースにbbsテーブルを作成しましょう。クエリは次のように改行しても、1行にすべて書いてもかまいません。

```
CREATE TABLE bbs(
id INT NOT NULL AUTO_INCREMENT PRIMARY KEY,
name VARCHAR(255) NOT NULL,
title VARCHAR(255),
body TEXT NOT NULL,
date DATETIME NOT NULL,
pass CHAR(4) NOT NULL
) DEFAULT CHARACTER SET=utf8;
```

実行結果

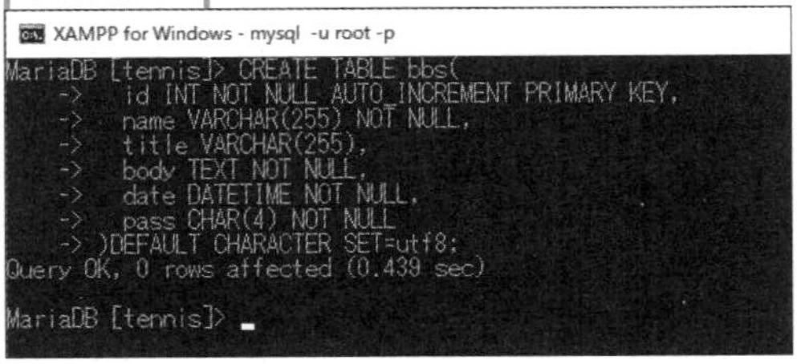

```
XAMPP for Windows - mysql -u root -p
MariaDB [tennis]> CREATE TABLE bbs(
    ->   id INT NOT NULL AUTO_INCREMENT PRIMARY KEY,
    ->   name VARCHAR(255) NOT NULL,
    ->   title VARCHAR(255),
    ->   body TEXT NOT NULL,
    ->   date DATETIME NOT NULL,
    ->   pass CHAR(4) NOT NULL
    -> )DEFAULT CHARACTER SET=utf8;
Query OK, 0 rows affected (0.439 sec)

MariaDB [tennis]> _
```

「Query OK」の表示が出れば、正しくテーブルが作成できています。CREATE TABLE（クリエイト テーブル）文は、テーブルを作成するための構文です。USEで選択したDBに対し、テーブルを作成します。カッコの中はそのテーブルのカラムの設定で、カラム名、型、制約、属性の順に書きます。

例えば、idの型はINT、制約はNOT NULL、属性はAUTO_INCREMENT、PRIMARY KEYです。

AUTO_INCREMENTは自動採番機能のことで、レコードが追加されていくに従って、1、2、3……と、自動的に新しい数字を割り当ててくれます。割り当てる数字はMariaDBが管理しています。

PRIMARY KEYは主キーであることを表しています。

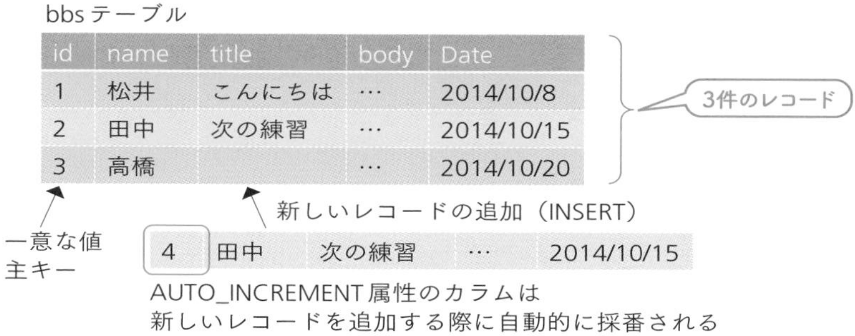

bbsテーブル

id	name	title	body	Date
1	松井	こんにちは	…	2014/10/8
2	田中	次の練習	…	2014/10/15
3	高橋		…	2014/10/20

3件のレコード

新しいレコードの追加（INSERT）

4	田中	次の練習	…	2014/10/15

一意な値
主キー

AUTO_INCREMENT属性のカラムは
新しいレコードを追加する際に自動的に採番される

自動採番と主キー

その他のカラムも同様に、カラム名と型を指定していきます。制約や属性はオプション項目のため、titleカラムなどはカラム名と型だけのシンプルな指定になります。

最後の閉じカッコの後で、`DEFAULT CHARACTER SET=utf8`とし、このテーブルで標準的に使う文字コードにUTF-8を指定します。

Note

`DROP TABLE`文で、作成したテーブルを削除できます。登録されていたレコードは削除されますが、DB自体は残ります。

```
DROP TABLE bbs;
```

ユーザの作成

次に、このtennisデータベースにアクセスし、操作できるユーザを作成しましょう。MariaDBをインストールしたばかりの状態では、rootという管理者権限を持つユーザが作られています。しかし、rootはすべてのDBを操作できるため、セキュリティ上好ましくありません。

使うDBだけを操作できるユーザを作成し、PHPプログラム上でもそのユーザでDBにアクセスできるほうが、他のDBを不正利用されず安心です。

今回は、tennisデータベースを扱うユーザ「tennisuser」を作りましょう。

ユーザを作成するには、GRANT（グラント）構文を使います。ユーザに権限を与えるための構文です。すでに存在するユーザに対しては権限の付与を、存在しないユーザに対してはユーザの作成と権限付与を同時に行います。GRANT構文は次のような書式です。

構文 ユーザの作成

```
GRANT 権限 ON データベース名.テーブル名 TO 'ユーザ名'@'ホスト名'
IDENTIFIED BY 'パスワード';
```

では、実際にtennisデータベースにtennisuserを作成します。

```
GRANT ALL ON tennis.* TO 'tennisuser'@'localhost'IDENTIFIED ⏎
BY 'password';
```

実行結果

```
XAMPP for Windows - mysql -u root -p
MariaDB [tennis]> GRANT ALL ON tennis.* TO 'tennisuser'@'localhost' IDENTIFIED BY 'password';
Query OK, 0 rows affected (0.132 sec)

MariaDB [tennis]>
```

上記のクエリは、「localhost上のtennisuserさんに、tennisデータベースのすべてのテーブルへの権限ALLを与えます。パスワードはpasswordです」という意味になります。

与えることのできる権限はいろいろな種類がありますが、ここではALL（すべての権限）を指定して、このDBに対して自由に操作できるようにしました。権限によっては、テーブルの閲覧のみ、または作成のみといったように、細かい権限設定ができます。

DB名とテーブルは、ドット(.)でつなぐことで、特定DBの特定テーブルへの権限を与えることができます。権限の種類と合わせると、「このDBのこのテーブルの閲覧だけできる」などの局所的なユーザを作成することもできます。

今回はtennisuserがtennisデータベースのすべてのテーブルを操作できるようにしたいので、「`tennis.*`」のようにテーブル名に*を使います。*はワイルドカードといい、「すべて」を表す記号です。

このGRANTクエリを実行するまではrootユーザしか存在しなかったため、指定したユーザが存在しないので新しくtennisuserというユーザが作られます。@以降のホスト名は、DBがどこにあるのかを示しています。ここではPHPとMariaDBが同じサーバ内（同じコンピュータ、つまりlocalhost）にあるため、localhostとしています。

最後に、`IDENTIFIED BY`でこのユーザがMariaDBにログインするときのパスワードを設定することができます。

ユーザを作成したら、MariaDB内部の一時データを削除して設定を反映するため、以下のクエリを実行してください。ユーザ情報が反映されます。

```
FLUSH PRIVILEGES;
```

作成したユーザの確認

では、本当にユーザが作成できたか確認してみましょう。`quit`コマンドを入力してMariaDBを終了させてから一旦コマンドプロンプトを閉じ、再度コントロールパネルからShellを起動し、次のように入力します。

```
mysql -u tennisuser -p
```

tennisuserとしてログインします。パスワードを入力して[Enter]キーを押すと、ユーザが正しく作成できていればMariaDBにログインできます。

続けて、次の2つのクエリを順番に実行しましょう。

```
USE tennis
```

```
DESC bbs;
```

実行結果

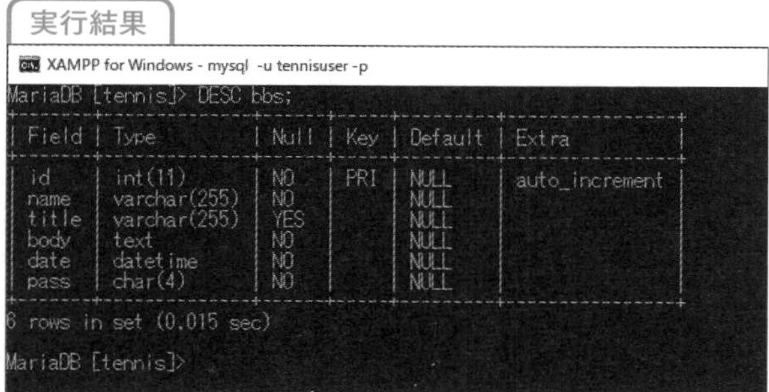

```
XAMPP for Windows - mysql -u tennisuser -p
MariaDB [tennis]> DESC bbs;
+-------+--------------+------+-----+---------+----------------+
| Field | Type         | Null | Key | Default | Extra          |
+-------+--------------+------+-----+---------+----------------+
| id    | int(11)      | NO   | PRI | NULL    | auto_increment |
| name  | varchar(255) | NO   |     | NULL    |                |
| title | varchar(255) | YES  |     | NULL    |                |
| body  | text         | NO   |     | NULL    |                |
| date  | datetime     | NO   |     | NULL    |                |
| pass  | char(4)      | NO   |     | NULL    |                |
+-------+--------------+------+-----+---------+----------------+
6 rows in set (0.015 sec)

MariaDB [tennis]>
```

USEでtennisデータベースを利用できる状態にし、「DESC　テーブル名」と入力することで、作成したテーブルの構造が表のように表示されます。

これで、パスワード付きのユーザが正しく作成できたということがわかりましたね。では、次節からPHPでの掲示板作成に取りかかりましょう！

Check Test

Q1 DBに関する説明です。空欄を埋めてください。

テーブルの中で、レコードを識別するための一意な値をとるカラムを［ A ］という。

Q2 次のSQLは、日記テーブルを作成しています。
カラム「id」は主キーです。空欄を埋めてください。

```
[ A ] TABLE diary (
  id INT [ B ] NOT NULL AUTO_INCREMENT,
  title VARCHAR(255) NOT NULL,
  body TEXT NOT NULL);
```

Q3 次のSQLは、日記テーブルにユーザを作成（権限を付与）しています。空欄を埋めてください。

```
[ A ] ALL ON diary.* TO 'member'@'localhost'
IDENTIFIED BY 'password';
```

11 3 掲示板を作成しよう

書き込みフォーム ― bbs.php

まずは、掲示板の書き込みフォームを作成します。navbar.phpを修正し掲示板へのリンクを追加し、コピーしたindex.phpからbbs.phpというファイルを作成し、tennisフォルダに保存します。

リスト 11-1 navbar.php

```
<li class="nav-item"><a class="nav-link" href="album.php">⏎
アルバム</a></li>
<li class="nav-item"><a class="nav-link" href="bbs.php">⏎
掲示板</a></li>
```

追加

リスト 11-2 bbs.php

```
<!-- ここから「本文」-->
<h1>掲示板</h1>
<form action="write.php" method=" post" >
  <div class="form-group">
    <label>タイトル</label>
    <input type="text" name="title" class="form-control">
  </div>
  <div class="form-group">
    <label>名前</label>
    <input type="text" name="name" class="form-control">
  </div>
  <div class="form-group">
    <textarea name="body" class="form-control" rows="5">⏎
</textarea>
  </div>
  <div class="form-group">
    <label>削除パスワード（数字4桁）</label>
    <input type="text" name="pass" class="form-control">
  </div>
  <input type="submit" class="btn btn-primary" value="書き込む">
</form>
```

```
<!-- 本文ここまで -->
```

Bootstrapのデザインを反映させるために追加した部分を、このように示しています。

実行結果

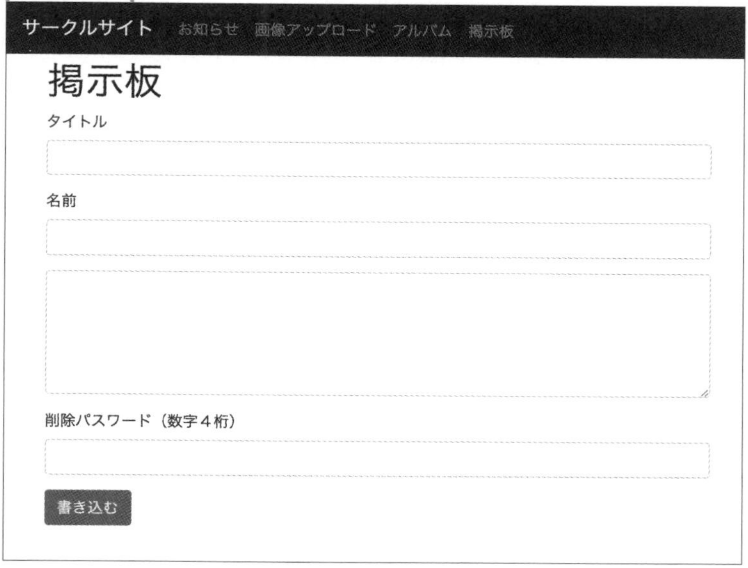

サークルサイト お知らせ 画像アップロード アルバム 掲示板

掲示板

タイトル

名前

削除パスワード（数字4桁）

書き込む

formタグの通り、データはPOSTメソッドでwrite.phpへ送信されます。

DB書き込みプログラム — write.php

では次に、データを受け取ってDBへ登録するwrite.phpを作りましょう。bbs.phpとwrite.phpの関係と流れは、次のようになっています。

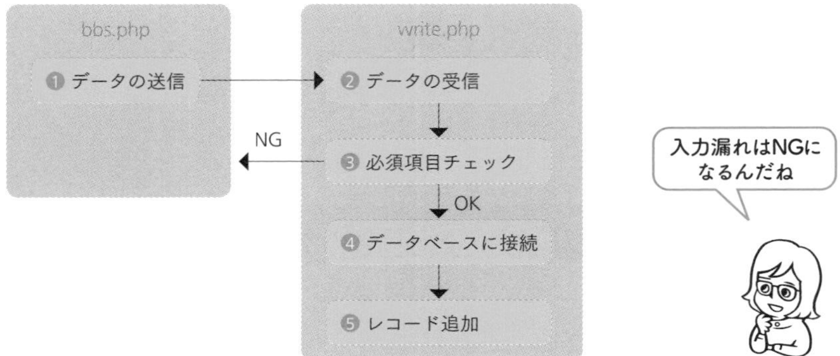

write.php の流れ

bbs.phpで入力されたデータを受信し、必須項目である名前、本文、パスワードがきちんと入力されているか調べます。入力漏れがなければDBに接続し、テーブルにレコードを追加します。

リスト 11-3 write.php

```
<?php
  // データの受け取り
  $name = $_POST['name'];
  $title = $_POST['title'];
  $body = $_POST['body'];
  $pass = $_POST['pass'];

  // 必須項目チェック（名前か本文が空ではないか？）
  if ($name == '' || $body == ''){
    header("Location: bbs.php");  // 空のときbbs.phpへ移動
    exit();
  }

  // 必須項目チェック（パスワードは4桁の数字か？）
  if (!preg_match("/^[0-9]{4}$/", $pass)){
    header("Location: bbs.php");  // 書式が違うときbbs.phpへ移動
    exit();
  }

  // DBに接続
  $dsn = 'mysql:host=localhost;dbname=tennis;charset=utf8';
  $user = 'tennisuser';
  $password = 'password'; // tennisuserに設定したパスワード
```

```
  try {
    // PDOインスタンスの作成
    $db = new PDO($dsn, $user, $password);
    $db->setAttribute(PDO::ATTR_EMULATE_PREPARES, false);
    // プリペアドステートメントを作成
    $stmt = $db->prepare("
      INSERT INTO bbs (name, title, body, date, pass)
      VALUES (:name, :title, :body, now(), :pass)"
    );
    // プリペアドステートメントにパラメータを割り当てる
    $stmt->bindParam(':name', $name, PDO::PARAM_STR);
    $stmt->bindParam(':title', $title, PDO::PARAM_STR);
    $stmt->bindParam(':body', $body, PDO::PARAM_STR);
    $stmt->bindParam(':pass', $pass, PDO::PARAM_STR);
    // クエリの実行
    $stmt->execute();

    // bbs.phpに戻る
    header('Location: bbs.php');
    exit();
  } catch (PDOException $e){
    exit('エラー：' . $e->getMessage());
  }
?>
```

これまでのプログラムとは違い、DBが絡んでくると少し複雑さが増したように見えますね。少しずつ分解して理解していきましょう。

必須項目のチェック

POSTされてきたデータは、すでに学んだようにPOSTメソッドで受け取りました。その後、名前と本文、パスワードについて、大きく2つのまとまりで必須項目をチェックしています。

名前と本文のチェック

ユーザが入力した項目のうち、名前と本文は必須項目のため、それらが空になっていないか調べます。いずれかが空の場合、bbs.phpへ戻ります。

```
if ($name == '' || $body == ''){
  header("Location: bbs.php");  // 空のときbbs.phpへ移動
  exit();
}
```

headerの関数はHTTPヘッダを送信するための関数です。

```
header('Location: 戻り先のURL');
```

HTTPヘッダとは、Web上でやりとりをしていく中で必要な情報のことで、リクエストやレスポンスにも含まれています。

例えば、あるWebサイトに表示のリクエストがあるとHTMLがレスポンスとして返ってきますが、HTMLが送信されてくる際に、送信するデータの容量などHTML以外の情報を送ることがあります。そういった、実データ以外の情報をヘッダといいます。

中でもLocationヘッダは、「他のページへのジャンプを指示する情報」です。URLを指定することで、任意のページにジャンプすることができます。

このプログラムでは、名前と本文が空のときは書き込みできませんので、bbs.phpに戻ります。

削除パスワードの書式チェック

削除パスワードは数字4桁で、必須項目となっています。もし条件に合わなければ、名前・本文のチェックと同様にbbs.phpへ戻ります。

```
// 必須項目チェック（パスワードは4桁の数字か？）
if (!preg_match("/^[0-9]{4}$/", $pass)){
  header("Location: bbs.php");  // 書式が違うときbbs.phpへ移動
  exit();
}
```

preg_matchは正規表現（せいきひょうげん）という方法を用いて、文字列が指定の形式と合っているかをチェックする関数です。第1引数に指定したパターンに、第2引数に指定した文字列が合っていればTRUEを返します。preg_matchに!がついて否定の意味となるため、「正規表現パターンに合わないとき、bbs.phpに移動する」という処理になっています。この正規表現パターンには、次のような意味があります。

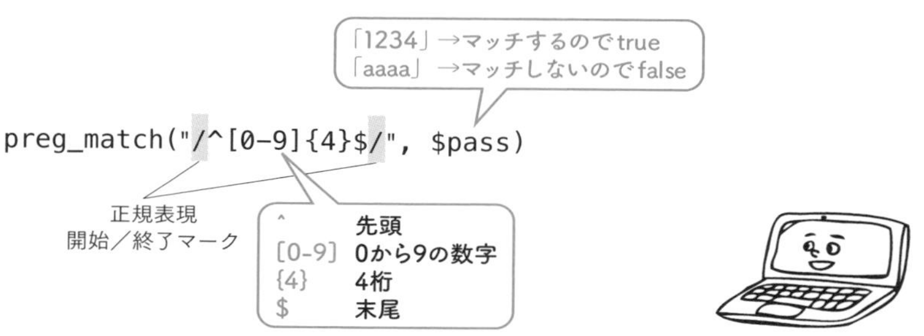

正規表現パターン

パターンについては複雑なため、ここでは紹介にとどめます。ですが、数字の桁数を調べる以外にも、メールアドレスや電話番号の形式をチェックできるなど、とても便利です。

サーバとDBの指定

DBに接続する部分では、DSN（ディーエスエヌ）とユーザ名、パスワードを設定しています。

```
// DBに接続
$dsn = 'mysql:host=localhost;dbname=tennis;charset=utf8';
$user = 'tennisuser';
$password = 'password'; // tennisuserに設定したパスワード
```

DSNとはData Source Nameの略で、どのサーバのどのDBを使うのかを指定した文字列のことで、書式は次の通りです。

```
mysql:host=ホスト名;dbname=DB名;charset=文字コード
```

write.phpでは、ホスト名がlocalhost、DB名はtennisです。ここでtennisデータベースを指定しているので、USE文を実行したのと同じ効果があります。文字コードはutf8（UTF-8）にします。

例外処理

いよいよDBに接続します。ここで、try-catch（トライ キャッチ）という見慣れない構文が出てきましたね。

```
try {
  $db = new PDO($dsn, $user, $password);
（略）
} catch (PDOException $e){
  exit('エラー：' . $e->getMessage());
}
```

try-catchは例外処理のための構文です。DBに接続するときには、さまざまなエラーが起きる可能性があります。例えば、DBに接続できないなどは致命的なエラーですね。このような、プログラムで発生したエラーのことを例外（れいがい）といいます。

例外が発生した場合にも、なんらかの処理をしたいときがあります。今回でいうと、例外がどういう内容だったのかを表示してからプログラムを終了させたいです。もしtry-catch文で例外の処理をしなかったら、例外発生の段階でプログラムが止まってしまい、期待通りにその後の処理がされません。

そこで、例外が発生しそうな処理をtryのカッコ内に入れて、その中で例外が発生した場合、Exception（例外を表すもの）をcatchに向かって投げます（Throwするともいいます）。catchは例外を受け取ると、カッコ内の処理を行います。

try-catch の仕組み

Note

例外が発生する可能性のある関数は、PHPマニュアルに「失敗時には例外が発生……」など説明が載っています。参考にしましょう。

受け取った例外の種類によっては、`catch`で行う処理を変えたい場合もあります。例えば、「DB関連の例外ならこの処理を、その他の例外なら別の処理を行う」というような場合です。こういったときのため、`catch`の中では受け取る例外を限定することができます。

```
} catch (PDOException $e){
```

このプログラムでは、`PDOException`という種類の例外が発生したときのみ、`catch`内の処理を実行します。`PDOException`は`$e`という変数に代入されていて、`$e->getMessage()`でエラーメッセージが取得できます。`exit`に引数としてエラーメッセージを指定すると、それを表示してプログラムを終了することができます。

PDO

では、tryの中の処理を見ていきましょう。tryの中に入っている処理は、DBに接続してクエリを実行する部分です。

```
$db = new PDO($dsn, $user, $password);
```

まずは、PDOインスタンスを作成します。PDO（ピーディーオー）（PHP Data Object）とは、さまざまなDBMSを簡単に利用できるようにする、PHPの拡張機能です。

例えば、このプログラムで使うMariaDB以外にも、Oracle DatabaseやSQLiteなどさまざまなDBMSがあり、種類によってプログラムの書き方が異なります。そのため利用するDBを変更すると、PHPプログラムを大幅に修正する必要が出てきます。

このような手間を防ぐため、PHPとDBMSの間に**抽象化（ちゅうしょうか）レイヤ**を挟んで、各種DBMSの違いをこのレイヤで吸収し、異なるDBMSに対して同じプログラムで同じ処理をできるようにする、というのがPDOの機能です。

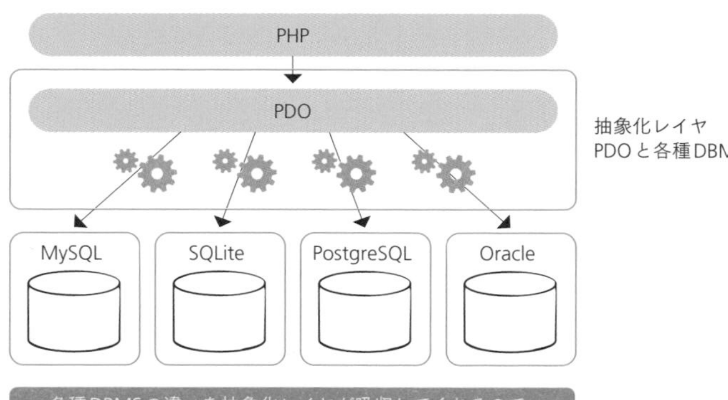

PDO

抽象化レイヤには、PDOとPDOが使う各種ドライバ（DBMSとPDOをつなぐ機能）が含まれています。しかし、私たちはドライバを意識する必要はなく、PDOをPHPで使うだけで、各種DBMSを同じように扱うことができます。つまり、DBの細かい扱いはPDOに任せて、私たちはクエリが正しく書けているかどうかや、プログラムが間違っていないかどうかに集中することができるのです。

オブジェクト指向

PDOインスタンスの作成では、newという演算子が出てきました。PHPは関数を使ったプログラミング方法と、**オブジェクト指向**（しこう）というプログラミング方法のどちらも利用できる言語です。

オブジェクト指向ではプログラムの再利用がしやすいように、**クラス**という処理の設計図から**インスタンス**と呼ばれる実体を作成します。この作成した実体のことをオブジェクトということから、オブジェクト指向と呼ばれています。

```
$db = new PDO($dsn, $user, $password);
$db->setAttribute(PDO::ATTR_EMULATE_PREPARES, false);
```

プログラムでは、new演算子を使ってPDOクラスのインスタンスを作成します。PDOクラスはインスタンス作成時に、引数にDSN、ユーザ名、パスワードを必要とします。それらの情報から実際に使える「実体」、インスタンスを$dbに代入します。

アロー演算子（えんざんし）（->）により、setAttributeという処理が実行されます。クラスには関数のようないくつかの処理のまとまりがあり、**メソッド**と呼ばれています。クラスを実体化したインスタンスから、アロー演算子を使ってメソッドを呼び出せるのです。

難しいことはさておき、プログラムでは$dbにsetAttributeメソッドを使うことで、PDOへ設定を施しています。プリペアドステートメントを使う際に、セキュリティを高めるための設定です。

プリペアドステートメント

次に、**プリペアドステートメント**を作成します。

```
$stmt = $db->prepare("
  INSERT INTO bbs (name, title, body, date, pass)
  VALUES (:name, :title, :body, now(), :pass)"
);
```

プリペアドステートメントとは、実行したいクエリのテンプレートのようなものです。「:名前」の部分に、bindParamメソッドで後から値を埋め込みます。「:～」部分のことを**プレースホルダ**と呼びます。

```
$stmt->bindParam(':name', $name, PDO::PARAM_STR);
```

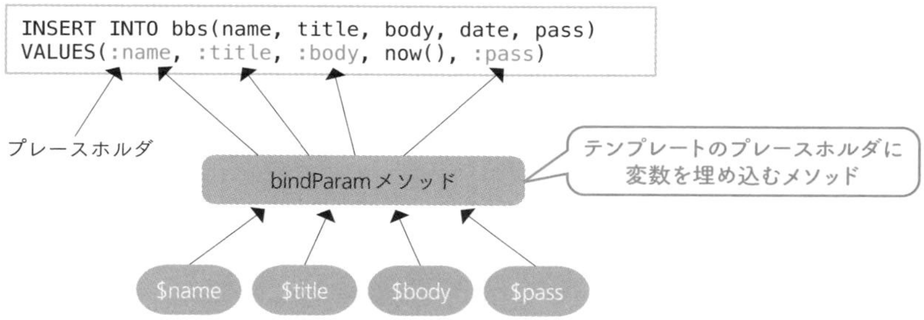

プリペアドステートメントとbindParamメソッド

prepareメソッドでは、文を実行する準備を行い、文オブジェクトを返します。

INSERT文によるレコード追加

では、実際にどのようなクエリを実行しているのでしょうか。クエリの内容を見ていきましょう。INSERT文は、テーブルに新しいレコードを追加する構文です。

```
INSEERT INTO テーブル名(カラム1, カラム2, カラム3…)
VALUES (値1, 値2, 値3…)
```

テーブル名は追加したいテーブルを書きます。ここではbbsテーブルです。次のカッコ内には、データを入れたいカラムを列挙します。VALUESの後に、各カラムに対応する値を列挙します。

nameやtitleのように文字列を値としたいときは、通常、クォーテーション（"や'）で文字列を囲む必要がありますが、プリペアドステートメントを使う場合は、自動的にクォーテーションを付けてくれるので不要です。

dateカラムは日付時刻を指定するカラムですが、MariaDBが持つ関数「now()」を指定しておくと、レコード追加時に自動で日付時刻に展開してくれます。

クエリを実行しているのはexecuteメソッドです。プリペアドステートメントでクエリを組み立ててexecuteで実行する、というのが基本的な流れです。

```
$stmt->execute();
```

クエリ実行が終わったら、header関数を使いbbs.phpへ戻ります。

Note

サンプルプログラムでは説明をわかりやすくするため、セキュリティ対策を簡略化しています。本来、ユーザが入力した値やアップロードしたファイルをプログラム中で扱う場合は、第13章のようなセキュリティ対策を行う必要があります。サンプルプログラムをWebアプリケーションとして外部に公開する場合は、セキュリティ対策をしっかり行いましょう。

Check Test

Q1 表にレコードを追加するSQLです。空欄を埋めてください。

```
[  A  ] INTO テーブル名 （カラム1, カラム2…）
[  B  ] （値1, 値2…）;
```

Q2 クエリのテンプレートのような役割を持ち、プレースホルダに値を埋め込めるものをなんといいますか？

11 4 書き込みの表示

テーブルデータの読み込みと表示

では次に、bbsテーブルからデータを読み込んで表示するよう、bbs.phpを修正しましょう。ページ冒頭と本文部分を修正します。

リスト11-4 bbs.phpを修正

```
<?php
  // 1ページに表示される書き込みの数        ❶
  $num = 10;

  // DBに接続
  $dsn = 'mysql:host=localhost;dbname=tennis;charset=utf8';   ❷
  $user = 'tennisuser';
  $password = 'password';

  // GETメソッドで2ページ目以降が指定されているとき   ❸
  $page = 1;
  if (isset($_GET['page']) && $_GET['page'] > 1){
    $page = intval($_GET['page']);
  }

  try {
    // PDOインスタンスの生成
    $db = new PDO($dsn, $user, $password);
    $db->setAttribute(PDO::ATTR_EMULATE_PREPARES, false);
    // プリペアドステートメントを作成
    $stmt = $db->prepare("SELECT * FROM bbs ORDER BY date ⏎
DESC LIMIT :page, :num");
    // パラメータを割り当て
    $page = ($page-1) * $num;
    $stmt->bindParam(':page', $page, PDO::PARAM_INT);
    $stmt->bindParam(':num', $num, PDO::PARAM_INT);
    // クエリの実行
    $stmt->execute();
  } catch (PDOException $e){
    exit("エラー：" . $e->getMessage());
```

```
  }
?>
<!doctype html>
<html lang="ja" >
(略)
          <input type="submit" class="btn btn-primary" value=⏎
"書き込む">
        </form>
        <hr>

<?php while ($row = $stmt->fetch()): ?>
        <div class="card">
          <div class="card-header"><?php echo $row['title']? ⏎
$row['title']: '(無題)'; ?></div>
          <div class="card-body">
            <p class="card-text"><?php echo nl2br($row['body']⏎
) ?></p>
          </div>
          <div class="card-footer">
            <?php echo $row['name'] ?>
            (<?php echo $row['date'] ?>)
          </div>
        </div>
        <hr>
<?php endwhile; ?>

<?php
  // ページ数の表示
  try {
    // プリペアドステートメントの作成
    $stmt = $db->prepare("SELECT COUNT(*) FROM bbs");
    // クエリの実行
    $stmt->execute();
  } catch (PDOException $e){
    exit("エラー：" . $e->getMessage());
  }

  // 書き込みの件数を取得
  $comments = $stmt->fetchColumn();
  // ページ数を計算
  $max_page = ceil($comments / $num);
  // ページングの必要性があれば表示
  if ($max_page >= 1){
    echo '<nav><ul class="pagination">';
    for ($i = 1; $i <= $max_page; $i++){
      echo '<li class="page-item"><a href="bbs.php?page='.$i.'⏎
">'.$i.'</a></li>';
    }
    echo '</ul></nav>';
```
❹

```
    }
?>
            <!-- 本文ここまで -->
```

プログラムの前半はDB接続を行い、書き込みデータを新しい順に10件ずつ取得しています。後半は書き込みフォームの下部に、取得したデータを表示しています。まずは前半部分について説明していきます。

DB接続とデータの取得

❶では1ページに表示される書き込みの件数を決めています。ここでは10件ずつ表示しましょう。

❷はDBへ接続する際の設定です。これはwrite.phpで書き込み処理を行ったときと同じです。

ページ数を指定する処理❸は、album.phpで利用したページングの考え方と同じです。指定がない場合は1ページ目ですが、GETメソッドで1より大きなページ数が指定されていれば、指定ページのコメントを表示しましょう。

SELECT文によるデータ取得

DB接続前の準備が終わったら、いよいよデータを取得しましょう。まずはtry-catch構文内でPDOインスタンスを生成します。そして、次のようなプリペアドステートメントを作成しています。

```
SELECT * FROM bbs ORDER BY date DESC LIMIT :page, :num
```

このクエリには、次のような意味があります。

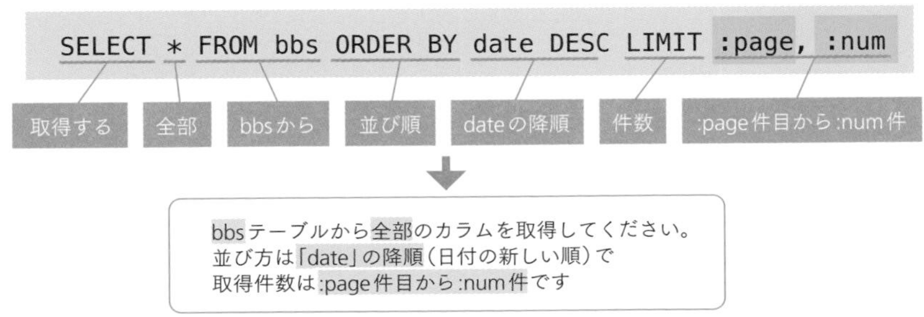

SELECT文のプリペアドステートメント解説

SELECT文はデータを取得するときの命令です。その次に指定するのは取得するカラムで、*と指定するとすべてのカラムを取得します。name, titleのようにカンマ区切りで指定することもできます。

FROM句はどのテーブルから取得するかを示しています。

ORDER BY句は、取得結果を並べ替えるときの基準カラムと並び順を示しています。ASCが昇順、DESCが降順で、指定がなければ昇順となります。日付ですと新しい日時のほうがタイムスタンプとして大きいので、DESCで新しい順を指定できます。

LIMIT句は取得件数を制限するもので、何件目から何件取得するかを指定します。例として、0件目から10件取得した結果がどのようになるか見てみましょう。

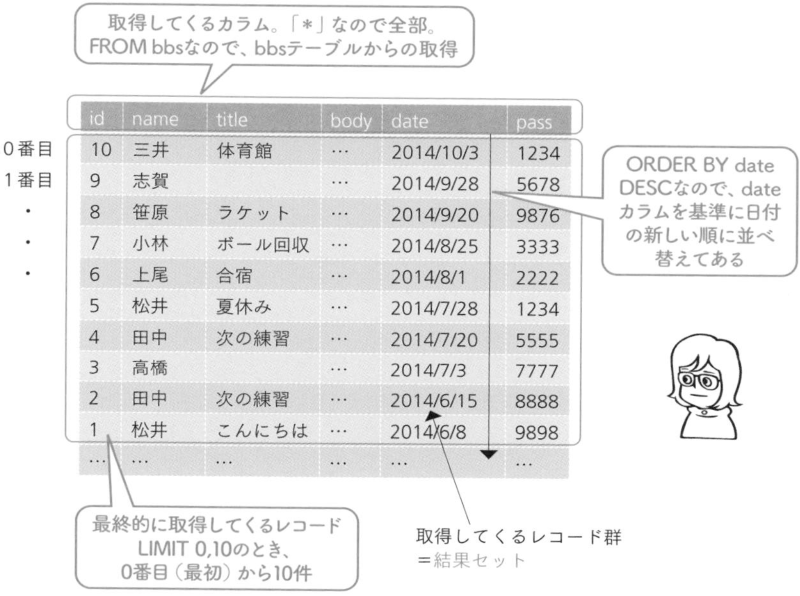

SELECT 結果

このような取得結果のことを**結果セット**といいます。プリペアドステートメントである`$stmt`を`execute`した後、`$stmt`に保存されていると考えましょう。

プリペアドステートメントを作成したら、`bindParam`メソッドで値を割り当てます。以前`bindParam`メソッドを使ったときは文字列を割り当てるため、第3引数に`PDO::PARAM_STR`と指定していました。今回は数字を割り当てるため、`PDO::PARAM_INT`という定数を使います。

1ページ目なら0件目から、2ページ目なら10件目から取得したいので、`:page`には`GET`メソッドで指定されたページ数から1引いた数に、1ページの表示件数を掛けたものを指定します。

```
// パラメータを割り当て
$page = ($page-1) * $num;
$stmt->bindParam(':page', $page, PDO::PARAM_INT);
$stmt->bindParam(':num', $num, PDO::PARAM_INT);
```

レコードの取得

では、本文部分のレコードの取得部分を見ていきましょう。`$stmt`には結果セットがありますので、`while`構文で1レコードずつ取り出しています。HTMLを多く含むので、`while`構文の別の書き方（`while`～`endwhile`）を使って見やすくしています。結果セットからレコードが取得できている間はカッコ内の式の評価がTRUEになり、レコードを取得し終えたときに`while`構文を抜けます。

```
<?php while ($row = $stmt->fetch()): ?>
```

レコードを取得するには、`$stmt`の`fetch`メソッドを利用します。このメソッドを使うと、レコード1件がカラム名をキーにした連想配列として取得できるので、`$row`に代入しています。

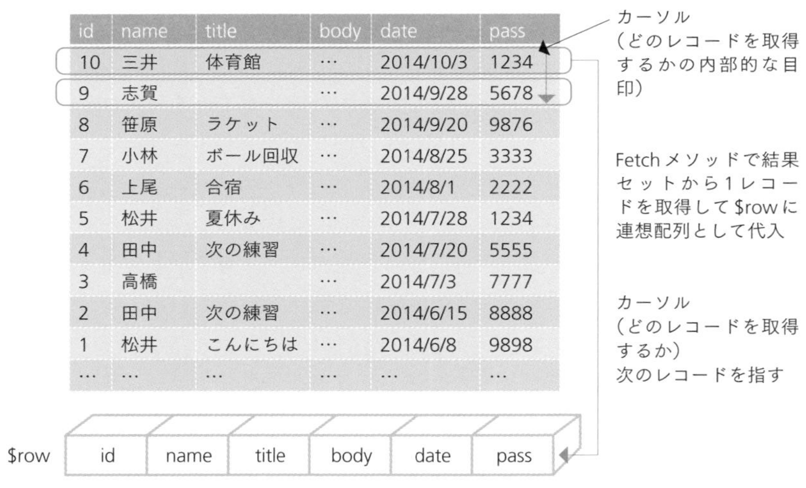

fetchメソッドの利用

タイトルがないまま投稿されていた場合は（無題）と表示しますが、ここでは**三項演算子**（さんこうえんざんし）を使っています。

```
<?php echo $row['title']? $row['title']: '（無題）'; ?>
```

三項演算子の書式は次の通りです。

```
条件式 ? 式1 : 式2
```

条件式の結果がTRUEなら式1を、FALSEなら式2を返します。プログラムでは、`$row['title']`にタイトルがあれば式1としてそのままタイトルを表示、なければ式2として（無題）と表示しています。

Note

三項演算子は`if`構文を簡単にしたものです。`if`構文で書くこともできますが、今回のように単純な処理の場合に`if`構文を使うと、かえってプログラムが長くなってしまい見づらくなるため、三項演算子を使うことがあります。
三項演算子に慣れない場合は、以下のように`if`構文で書き直してもかまいません。

```
if ($row['title']){
  echo $row['title'];
} else {
  echo '（無題）';
}
```

ページング処理

書き込みの表示の後は、ページング処理を行います。第10章のページング処理と考え方は同じです。リンクを何ページ分表示するか決めるには、書き込みの全件を1ページあたりの書き込み数である10件で割り、その結果を端数切り上げしてページ数を算出します。

まず❹の処理で書き込みの件数を取得します。クエリには次のような意味があります。

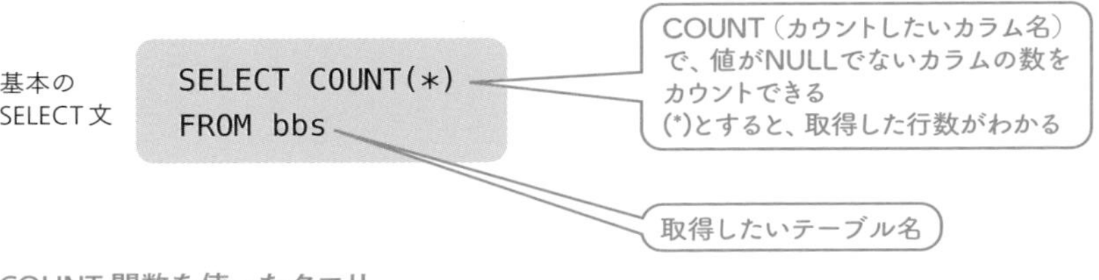

COUNT関数を使ったクエリ

COUNT関数はMariaDBの持つ関数の1つで、カッコ内に指定したカラムのうち、値がNULLでないものの行数を数えます。ここではbbsテーブルにあるすべての書き込みの数を調べたいので、特定のカラムではなく「*」を指定します。idのような主キーのカラムを指定してもよいでしょう。

```
$comments = $stmt->fetchColumn();
```

fetchColumnメソッドの引数を指定しなかった場合、最初のカラムの内容を取得します。今回のクエリで取得してくるのはbbsテーブルの行数です。

ページ数を算出するには、書き込みの全件数を表示件数である10件で割り、結果を端数切り上げします。例えば35件のコメントを10件ずつ表示すると、割り算の結果は3.5のため、端数を切り上げて4ページになります。

切り上げはceil関数で行います。

```
ceil(数値)
```

端数切り上げの結果、1ページ以上表示する場合には、1ページ目から$max_pageまでページングリンクを表示します。

コメント削除フォームの追加

最後に、コメントの削除機能を追加しましょう。書き込み内容を表示している部分に削除フォームを追加します。

リスト11-5 削除フォームを追加（bbs-2.php）

```
<div class="card-footer">
    <form action="delete.php" method="post" class="form-⏎
inline"> ←追加
    <?php echo $row['name'] ?>
    (<?php echo $row['date'] ?>)
      <input type="hidden" name="id" value="<?php echo ⏎
$row['id'] ?>">
      <input type="text" name="pass" placeholder="削除パスワード" ⏎
class="form-control">
      <input type="submit" value="削除" class="btn btn-⏎
secondary">
    </form>
</div>
                                                    追加
```

Bootstrapのデザインを反映させるために追加した部分を、このように示しています。

typeがhiddenのテキストボックスは、画面に現れない非表示の入力欄です。非表示ですがnameやvalueなどの属性を持たせることができます。削除パスワードと一緒に書き込みのidを送信して、削除したい書き込みを指定します。

書き込みを削除する — delete.php

では、書き込みidと削除パスワードを受け取って削除を行うdelete.phpを作りましょう。

リスト11-6 delete.php

```
<?php
  // データの受け取り
  $id = intval($_POST['id']);
  $pass = $_POST['pass'];
```

```
  // 必須項目チェック
  if ($id == '' || $pass == ''){
    header('Location: bbs.php');
    exit();
  }

  // DBに接続
  $dsn = 'mysql:host=localhost;dbname=tennis;charset=utf8';
  $user = 'tennisuser';
  $password = 'password';

  try {
    $db = new PDO($dsn, $user, $password);
    $db->setAttribute(PDO::ATTR_EMULATE_PREPARES, false);
    // プリペアドステートメントを作成
    $stmt = $db->prepare("DELETE FROM bbs WHERE id=:id AND ⏎
pass=:pass");
    // パラメータ割り当て
    $stmt->bindParam(':id', $id, PDO::PARAM_INT);
    $stmt->bindParam(':pass', $pass, PDO::PARAM_STR);
    // クエリの実行
    $stmt->execute();
  } catch (PDOException $e){
    exit('エラー：' . $e->getMessage());
  }
  header('Location: bbs.php');
  exit();
?>
```

DBに接続をし、受け取った書き込みのidとパスワードを元にクエリを実行し、レコードを削除します。

DELETE文によるレコード削除

削除のクエリにはDELETE文を使います。

```
DELETE FROM テーブル名 WHERE 条件;
```

DELETE文は、FROMで指定したテーブルから、WHERE句の条件に合うレコードを削除します。ここでは主キーであるidと、削除パスワードであるpassがどちらも一致する（AND条件）レコードを削除しています。どちらも一致することが条件のため、ある書き込みを削除したいときにでたらめな数字を入力されても、一致するレコードがないために削除されません。

Note

DELETE文で削除するとき、WHERE句の条件を書き忘れてしまった場合にはすべてのレコードが削除されてしまいます。誤って全件削除するのを防ぐため、DELETE文を書くときには慎重になりましょう。
例えば、DELETE文で指定するWHERE条件をSELECT文につけて実行すると、削除するレコードを確認できます。こうすることで、削除前に条件が正しいかどうかや、消したくないレコードが含まれていないかどうか確認することができます。

Check Test

Q1 データベース「addressbook」を作成するためのクエリを答えてください。

Q2 次のようなテーブルを作成するためのクエリを答えてください。

テーブル名	addressbook	
カラム	id	数値型
		自動採番
		主キー
	name	可変長文字列30桁
		必須項目
	zipcode	固定長文字列7桁
	address	可変長文字列255桁
文字コード	UTF-8	

第12章 セッションとクッキー

サイト上のデータを保存する方法として、ブラウザに保存する小さな情報であるクッキーと、クッキーを元にしたセッションがあります。セッションにより、買い物カートやログイン機能など、どのページに遷移してもデータを保持できます。

この章で学ぶこと

1 _ クッキーの利用

2 _ セッションの利用

3 _ サークルサイトにセッション機能を付けよう

Introduction

12 1 クッキーの利用

クッキーの仕組み

Webページのログイン画面を開くと、すでにIDやメールアドレスが入力された状態だったという経験はありませんか？ これは**クッキー**（Cookie）と呼ばれる仕組みでデータを保存することで実現しています。

現在作成中のサークルサイトでも、クッキーを使って掲示板の名前欄を保存して入力の手間を省けるようにしたいですね。まずはクッキーについて学びましょう。

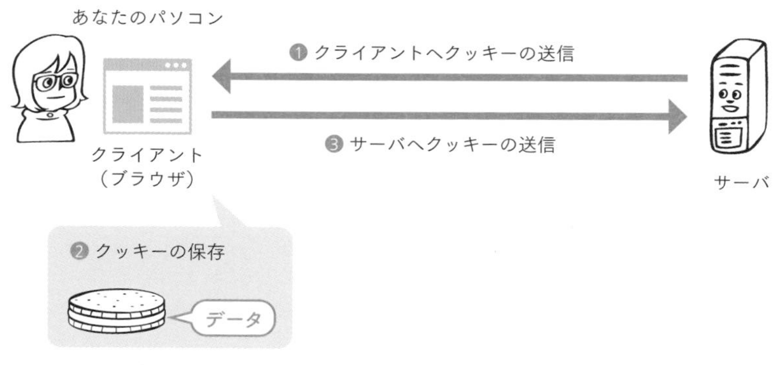

クッキーの仕組み

クッキーとは、サーバ上のデータをブラウザに保存することで、同じ情報を再利用するための仕組みです。

掲示板では、最初にコメントを書き込んだときに名前をPOSTメソッドで送信しています。サーバは受け取った名前データを書き込んだクッキーをブラウザに送信します。これにより、サーバが持っているデータをブラウザで保存することができます。次に掲示板にアクセスしたとき、ブラウザは自身に保存されているクッキーの情報をサーバへ送ります。これにより、サーバは同じ情報を再利用することができるのです。クッキーはブラウザの内部に保存されているので、ブラウザの画面を閉じても情報が消えることはありません。

Note

クッキーという名前の由来は、「クッキーのように小さい情報を保存する」ところや「ブラウザに保存させる様子がクッキーを食べさせているかのよう」というところからきています。ブラウザにクッキーを保存することを「クッキーを食わせる」と表現することもあります。

クッキーの保存

では、サークルサイトの掲示板で、名前欄を保存するように修正してみましょう。名前データを受け取ってクッキーに保存するのは、DBに書き込みをするwrite.phpで行います。write.phpの必須項目チェックの後に、次の2行を追加しましょう。

リスト12-1 write.phpの修正

```
  // 必須項目チェック（パスワードは4桁の数字か？）
  if (!preg_match("/^[0-9]{4}$/", $pass)){
    header("Location: bbs.php");  // 書式が違うときbbs.phpへ移動
    exit();
  }
// 名前をクッキーにセット
setcookie('name', $name, time() + 60*60*24*30);
```

setcookie関数は、ブラウザに対してクッキーを発行して保存させるための関数です。

```
setcookie(クッキーの名前, 保存する値, 有効期限のタイムスタンプ)
```

第1引数のクッキーの名前は必須で、第2引数以降は省略可能な引数です。

しばらく利用していなかったときに、古くなりすぎた情報を使わないようにするため、第3引数でクッキーの有効期限を決めることができます。さながらブラウザが食べるクッキーの賞味期限を決めているようですね。

有効期限は指定しなければ自動的に0がセットされ、ブラウザを閉じたときに有効期限が切れることになります。指定していればブラウザを閉じても、その日時まで有効になります。

有効期限はタイムスタンプで指定します。先ほどのコードでは、現在のタイムスタンプである`time()`に、60秒*60分*24時間*30日を足した日時である、「30日後まで有効」と指定しています。

クッキーの読み込み

では次に、保存したクッキーを読み取って利用するためのコードを書きましょう。bbs.phpを修正し、掲示板の書き込みフォームを表示する際に、名前のテキストボックスにクッキーから読み取った値を表示させます。

書き込みフォームの名前のテキストボックスに`value`属性を追加し、あらかじめ文字列が入力された状態にします。

リスト12-2 bbs.phpの修正

```
<?php
  // クッキーを読み込んでフォームの名前を設定する
  if (isset($_COOKIE['name'])){
    $name = $_COOKIE['name'];
  } else {
    $name = "";
  }
(略)
<div class="form-group">
  <label>名前</label>
  <input type="text" name="name" class="form-control" ⏎
value="<?php echo $name ?>">
</div>
```

クッキーはスーパーグローバル変数である`$_COOKIE`で扱います。連想配列になっており、キーはクッキーの名前になります。

冒頭部分のisset関数で$_COOKIE['name']が存在するか確認し、あれば$nameに代入します。存在しない場合は空欄にします。

クッキーの注意点

クッキーを使うことで、名前を入力する手間を省くなど、ユーザにとって使いやすいWebサイトを作ることができます。しかし便利な一方で、いくつか注意しなくてはいけないこともあります。

- 容量の大きい情報を入れない
- 重要な情報を入れない
- 内容が書き換えられると困る情報を入れない

クッキーが保存できる容量は4キロバイト程度です。文字数にすると2000文字程度となり、あまりにも大きなデータは保存できないので注意しましょう。

また、クッキーはブラウザに保存されるという点から、重要な情報を入れないようにしましょう。例えば、パスワードのような重要な情報はDBなどを使いサーバ側のプログラムを通して扱うことにして、クッキーには保存しないことが大切です。

クッキーが保存されている場所はユーザのブラウザなので、なんらかの方法で書き換えることができてしまいます。例えばWebサイトにログインしていないにもかかわらず、ログインしたようにクッキーの内容が書き換えられていたら困ります。

あくまでも、クッキーは入力補助のように「ちょっと便利にする」という目的で上手に使っていきましょう。

Check Test

Q1 クッキーについての説明です。空欄を埋めてください。

クッキーには［ A ］があり、古すぎる情報は使わないようになっている。

Q2 nameという名前のクッキーを読み取るには、
なんという変数を利用すればよいですか？

Q3 クッキーに入れるべきでない情報はどういったものですか？

12 2

セッションの利用

セッションを使おう

作成中のサークルサイトでは、掲示板の書き込みに個人情報が含まれていたり、アップロードされた写真にメンバーの顔が写っていたりすることを考えると、サークルメンバーだけで使えるようにしたいですね。

SNSなどの会員制サイトでは、メンバーがログインすることでサイト内のコンテンツが見えるようになるという機能があります。このような**ログイン機能**(きのう)をサークルサイトでも実現できればよさそうですね！

ログイン機能を作るには、**セッション**という仕組みを使うと便利です。セッションはログイン機能を実現するだけでなく、ショッピングサイトの買い物カートや、お問い合わせフォームの確認画面などにも使われています。複数の画面をまたがる動作で情報を引き継ぐために利用されています。

では、セッションの仕組みについて詳しく学びましょう。

セッションの仕組み

Sessionという英単語には、集会や開会という意味があります。また、シンポジウムでの講演のように、時間を区切っての発表もセッションといいます。

コンピュータ用語のセッションにも似たイメージがあり、システムやネットワークに接続を開始してから終了までの一連の操作や通信のことをセッションといいます。例えば、あるショッピングサイトにアクセスし、商品をカートに入れて支払いを終えるまでが1セッションです。

これまでPOSTメソッドやGETメソッドについて学んできましたが、これらはあるページからあるページへ送信するためのものでした。しかし、ショッピングサイトのように、いろいろなページに移動してもカートの中身を保持するためには、セッションの間ずっと情報を保持する機能が必要です。1セッションの開始から終了までの情報保持を目的としているのがセッション機能です。

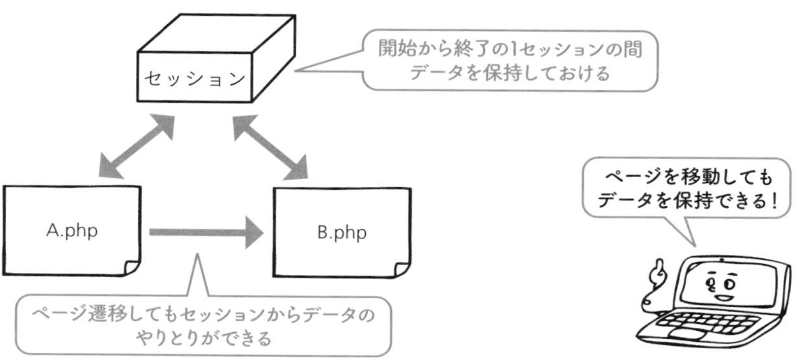

セッション

セッションの実現には、クッキーが活用されています。

❶ サーバがセッションIDを作成
❷ セッションIDをもとにセッションファイルを作成
❸ セッションIDをクッキーに保存
❹ ページ遷移の際セッションIDを送信
❺ 該当セッションファイルにデータを書き込む
❻ 操作中はどのページでもセッションデータを保持

セッションの流れ

❶ サーバがセッションIDと呼ばれるユニークな（重複のない）IDを作成します。

❷ セッションIDをファイル名としたセッションファイルという、データ保存用のファイルを作成します。

❸ サーバはセッションIDを、ユーザのブラウザに保存させます。これによりサーバからすると、特定のユーザのブラウザと、自分の持つセッションファイルが紐付きました。

❹ ページが遷移するときは、セッションIDを送信することで、アクセスしてきた人がどのセッションファイルに紐付いているかを確かめられます。

❺ 保持したいデータがある場合は、セッションファイルにデータを書き込みます。

❻ データが保存されたセッションファイルと、ユーザの持つセッションIDの関係から、操作中はどのページに移動してもデータを保持することができます。

POSTメソッドで各ページに遷移するたびにデータを送受信するよりも、簡単にデータを保持することができますね。

Check Test

Q1 セッションについての説明です。空欄を埋めてください。

サーバで発行したセッションIDは、ブラウザの［　A　］に保存されている。

Q2 クッキーとセッションの違いについて説明してください。

12 3 サークルサイトにセッション機能を付けよう

ログイン機能の概要

では、サークルサイトにログイン機能を追加しましょう！

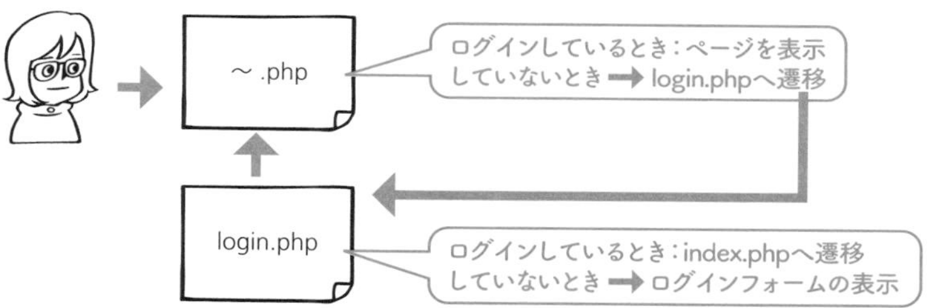

ログインの有無によるページの処理

ログインしているときは通常通りそのページのコンテンツを表示しますが、ログインしていないときにはlogin.phpというページに遷移することにします。login.phpはログインフォームを表示させ、ログインが成功すると、トップページであるindex.phpへ遷移することにします。

ログイン自体は次のような流れで行います。

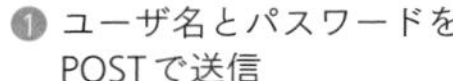
① ユーザ名とパスワードを POSTで送信

② データベースからユーザを検索

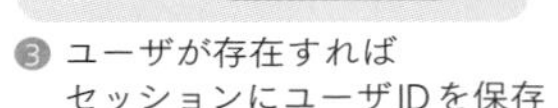
③ ユーザが存在すれば セッションにユーザIDを保存

④ セッションにユーザIDがある ＝ログインしている

ログインの流れ

ログインフォームからユーザ名とパスワードを送信し、それをもとにDBからユーザを検索します。ユーザが存在していればレコードの主キーを**ユーザID**としてセッションに保存します。セッションにユーザIDがあるということは「ログインしている状態である」とします。

ログイン機能の下準備

ログイン機能の下準備としてユーザ情報をDBに登録しましょう。次のようなテーブル「users」を作成します。

users テーブル

カラム名	型	NOT NULL	説明
id	INT	○	自動採番。主キー。セッションに格納するユーザIDになる
name	VARCHAR(255)	○	ログインフォームから入力するユーザ名
password	VARCHAR(255)	○	ログインフォームから入力するパスワード

このテーブルは次のクエリで作成します。bbsテーブルを作ったときと同様に、コマンドプロンプトでテーブルを作成しましょう。

```
CREATE TABLE users(
  id INT PRIMARY KEY NOT NULL AUTO_INCREMENT,
  name VARCHAR(255) NOT NULL,
  password VARCHAR(255) NOT NULL
) DEFAULT CHARACTER SET=utf8;
```

実行結果

```
XAMPP for Windows - mysql  -u tennisuser -p
MariaDB [tennis]> CREATE TABLE users(
    ->    id INT PRIMARY KEY NOT NULL AUTO_INCREMENT,
    ->    name VARCHAR(255) NOT NULL,
    ->    password VARCHAR(255) NOT NULL
    -> ) DEFAULT CHARACTER SET=utf8;
Query OK, 0 rows affected (0.218 sec)

MariaDB [tennis]> _
```

次に、ユーザ情報として次の3人を保存してみましょう。

ユーザ情報（テストデータ）

ユーザ名	パスワード
yamada	yamadapass
tanaka	tanakapass
kikuchi	kikuchipass

```
INSERT INTO users (name, password) VALUES
('yamada', SHA2('yamadapass', 256)),
('tanaka', SHA2('tanakapass', 256)),
('kikuchi', SHA2('kikuchipass', 256));
```

実行結果

```
XAMPP for Windows - mysql -u tennisuser -p

MariaDB [tennis]> INSERT INTO users (name, password) VALUES
    -> ('yamada', SHA2('yamadapass', 256)),
    -> ('tanaka', SHA2('tanakapass', 256)),
    -> ('kikuchi', SHA2('kikuchipass', 256));
Query OK, 3 rows affected (0.281 sec)
Records: 3  Duplicates: 0  Warnings: 0

MariaDB [tennis]> _
```

INSERT文では、カンマ区切りにすることで複数データを登録できます。

パスワードのハッシュ化

ここで、パスワードが普通の文字列でなく、SHA2という関数を通していることに気づいた人もいるでしょう。

SHA2の第2引数にハッシュ長を指定しており、今回利用したのはSHA-256というもので、ハッシュ化の手法の1つです。この関数を通して登録したデータは次のようになります。SELECT文でテーブルの中身を見てみましょう。

```
SELECT * from users;
```

実行結果

```
XAMPP for Windows - mysql -u tennisuser -p

MariaDB [tennis]> SELECT * FROM users;
+----+---------+------------------------------------------------------------------+
| id | name    | password                                                         |
+----+---------+------------------------------------------------------------------+
|  1 | yamada  | ae70abc5a365b918447bc7548963fbd5802ac8b78544126a5107fb87ba96e81b |
|  2 | tanaka  | 5faeffd0e4ed67b317be7def06689af7d3a3cb759539dbbb1c9fb4b8699170dc |
|  3 | kikuchi | 65fbd8c8fe689b50d6e2cb270e26abd01daa449c9f9bb1ba8d072da9befafaaf |
+----+---------+------------------------------------------------------------------+
3 rows in set (0.027 sec)

MariaDB [tennis]>
```

passwordカラムには指定した文字列とは違う文字列が登録されています。SHA2はハッシュ関数と呼ばれるもので、文字列をハッシュ化して元の平文（そのままのパスワード文字列）に戻すことができないようになっています。なぜ平文でなくハッシュ化した文字列をテーブルに入れているかというと、このテーブルの内容が、Webアプリケーションのセキュリティ上のミスなどによって、万が一誰かに知られてしまった場合に、ハッシュ化した複雑な文字列だと安易にログインできなくなるからです。

ハッシュ化の方式は他にもありますが、今回はあらかじめMariaDBからユーザデータを入れて試作するので、MariaDBとPHPのどちらでも使えるSHA-256を利用しました。PHPからユーザデータを登録する場合はpassword_hash関数を使ってより強力な暗号化方式でハッシュを生成できるので、実際にWebアプリケーションを開発するときにはそちらを採用しましょう。

SHA-256でパスワードのみをハッシュすると、ディクショナリ攻撃（辞書攻撃）を受ける場合があります。人間が思いつくパスワードは似たものが多いので、攻撃者たちはすでによく使われるパスワードをハッシュ化した辞書を持っていて、その辞書をもとにログインできないか攻撃を試みます。

このため、パスワードに独自の文字列を追加したものをハッシュ化することで、辞書攻撃を難しくすることができます。このように追加した独自の文字列のことを、salt（ソルト）といいます。肉に振りかける塩のように、パスワードに追加する少しの文字列です。

password_hash関数では自動的にsaltが追加されます。

ログインフォームの作成 — login.php

では、ユーザデータの下準備ができたところで、ログインフォームの表示をしましょう。index.phpと同じ階層にテンプレートをコピーして、login.phpを新たに作成しましょう。

リスト12-3 login.php

```
<?php
  session_start();   // セッション開始
```

```
  if (isset($_SESSION['id'])){
    // セッションにユーザIDがある=ログインしている
    // ログイン済みならトップページに遷移する
    header('Location: index.php');
  } else if (isset($_POST['name']) && isset($_POST['password']
)){
    // ログインしていないがユーザ名とパスワードが送信されたとき
    // DBに接続
    $dsn = 'mysql:host=localhost;dbname=tennis;charset=utf8';
    $user = 'tennisuser';
    $password = 'password';

    try {
      $db = new PDO($dsn, $user, $password);
      $db->setAttribute(PDO::ATTR_EMULATE_PREPARES, false);
      // プリペアドステートメントを作成
      $stmt = $db->prepare("SELECT * FROM users WHERE name=:
name AND password=:pass");

      // パラメータ割り当て
      $stmt->bindParam(':name', $_POST['name'], PDO::PARAM_STR);
      $stmt->bindParam(':pass', hash("sha256", $_POST
['password']), PDO::PARAM_STR);
      // クエリ実行
      $stmt->execute();

      if ($row = $stmt->fetch()){
        // ユーザが存在していたら、セッションにユーザIDをセット
        $_SESSION['id'] = $row['id'];
        header('Location: index.php');
        exit();
      } else {
        // 1レコードも取得できなかったとき
        // ユーザ名・パスワードが間違っている可能性あり
        // もう一度ログインフォームを表示
        header('Location: login.php');
        exit();
      }
    } catch (PDOException $e){
      exit('エラー:' . $e->getMessage());
    }
  }
  // ログインしていない場合は以降のログインフォームを表示する
?>
<!doctype html>
<html lang="ja" >
  <head>
    <title>サークルサイト</title>
```

❶ログイン済み

❷未ログイン
ユーザ名と
パスワードが
送信された

❸ログインのために
このページを訪れた
場合(ログインフォームの表示)

```
    <link rel="stylesheet" href="https://stackpath.⏎
bootstrapcdn.com/bootstrap/4.5.0/css/bootstrap.min.css">
  <style type="text/css">
    form {
      width: 100%;
      max-width: 330px;
      padding: 15px;
      margin: auto;
      text-align: center;
    }
    #name {
      margin-bottom: -1px;
      border-bottom-right-radius: 0;
      border-bottom-left-radius: 0;
    }
    #password {
      margin-bottom: 10px;
      border-top-left-radius: 0;
      border-top-right-radius: 0;
    }
  </style>
  </head>
  <body>

    <main role="main" class="container" style="padding:60px ⏎
15px 0">
      <div>
      <!-- ここから「本文」-->

        <form action="login.php" method="post">
          <h1>サークルサイト</h1>
          <label class="sr-only">ユーザ名</label>
          <input type="text" id="name" name="name" class=⏎
"form-control" placeholder="ユーザ名">
          <label class="sr-only">パスワード</label>
          <input type="password" id="password" name="password"⏎
 class="form-control" placeholder="パスワード">
          <input type="submit" class="btn btn-primary btn-⏎
block" value="ログイン">
        </form>

      <!-- 本文ここまで -->
```

Bootstrapのデザインを反映させるために追加した部分を、このように示しています。

実行結果

login.phpでは3つの状態を管理しています。

❶ ログインしている状態

セッションにユーザIDがあり、ログインしている状態です。この場合はlogin.phpで処理する必要がないため、index.phpへ遷移します。

❷ ログインしておらず、ユーザ名とパスワードが送信された状態

ログインしていない状態で、ログインフォームからユーザ名とパスワードが送信されてきた場合です。DBにユーザ情報が存在するか確認し、存在していればセッションにユーザIDをセットしてログイン済みにします。ユーザ名やパスワードが間違っていて目的のユーザが存在しなければ、login.phpへ遷移させて、もう一度ログインフォームを表示させます。

❸ ログインしておらず、login.phpへアクセスしたばかりの状態

ログインフォームを表示させます。

では、プログラムと処理の対応を確認していきましょう。

セッションの開始

セッションを使った処理をする場合には、最初に「これからセッションを使います！」と宣言する必要があります。

```
session_start();  // セッション開始
```

session_start関数は、セッションの開始と、クッキーで渡されたセッションIDを元に、すでに開始しているセッションを復帰するのに使います。セッションを利用したプログラムを書く場合には必ず必要な処理です。

この関数は、画面への出力処理などよりも先に実行する必要があります。セッションを使うときには忘れずに、プログラム冒頭に書くことにしましょう。

❶ログインしている状態

セッションの連想配列にidというキーが存在しているか調べ、存在していればログインしている状態とみなしています。セッションはPOST、GET、COOKIEと同じように、$_SESSIONというグローバル変数で参照できます。

```
if (isset($_SESSION['id'])){
  // セッションにユーザIDがある=ログインしている
  // ログイン済みならトップページに遷移する
  header('Location: index.php');
```

isset関数により$_SESSION['id']が存在していれば、if構文の式はTRUEと判断されます。ログインしていればログインフォームを表示する必要はないため、header関数でindex.phpへ遷移します。

❷ログインしておらず、ユーザ名とパスワードが送信された状態

はじめのif構文に該当しない（ログインしていない状態）で、POSTメソッドでユーザ名とパスワードが送信されてきた場合の処理です。

```
  } else if (isset($_POST['name']) && isset($_POST['password']⏎
)){
```

まず、DB接続を行い、ユーザが存在するか確認します。

```
$stmt = $db->prepare("SELECT * FROM users WHERE name=:name ⏎
AND password=:pass");
```

このプリペアドステートメントは、WHERE条件に名前が:nameかつ（AND）

パスワードが:passであるユーザを検索するものです。

bindParamメソッドで:nameと:passに値を割り当てます。

```
$stmt->bindParam(':pass', hash("sha256", $_POST['password']), ⏎
PDO::PARAM_STR);
```

:passへの割り当てのためのbindParamメソッドの第2引数は、ユーザが送信したパスワードです。先ほどDBにデータを登録したとき、パスワードをSHA-256でハッシュ化していましたね。DBに登録されているのはハッシュ化された文字列（ハッシュ値）なので、検索を行うときも、入力したパスワードをハッシュ化したものとマッチしないといけません。

ユーザが存在していれば、結果セットからデータが取得できるはずです。データを取得したら、自動採番された主キーであるidをセッションに保存し、index.phpへ遷移します。

```
if ($row = $stmt->fetch()){
  // ユーザが存在していたら、セッションにユーザIDをセット
  $_SESSION['id'] = $row['id'];
  header('Location: index.php');
```

結果セットからデータが取得できなかった場合は、ユーザ名・パスワードが間違っている可能性や、そもそも該当データが存在しないなどの理由が考えられます。そのため、header関数でlogin.phpへ遷移させてログインフォームを再表示させます。

❸ログインしておらず、login.phpへアクセスしたばかりの状態

login.phpへ直接アクセスしたり、ログインを試みたものの該当データが存在しないためにログインできずheader関数で遷移したりする場合には、ログインフォームを表示します。ログインフォームのページには上部のナビバーが不要ですので、navbar.phpを読み込む必要はありません。また、他のページとデザインが少し違いますので、HTMLのheadタグ内部にスタイルを整えるためのCSSを記載しています。

その他のページのログイン処理

ログインフォームとログイン機能ができたので、その他のページにもログインしているかどうかを判別するためのプログラムを書く必要があります。

しかし、これまで作ったどのプログラムにもその処理を書かなければならないとなると面倒ですね。そこで、ログインのための処理を別プログラムにして、各プログラムから呼び出すことにしましょう。index.phpと同じ階層にincludesというフォルダを作り、そこにlogin.phpというプログラムを作成してください。

リスト12-4　includesフォルダの中に作成するlogin.php（includes-login.php）

```
<?php
  session_start();
  if (!isset($_SESSION['id'])){
    header('Location: login.php');
    exit();
  }
?>
```

内容は簡単で、ログインしていなければlogin.phpへ遷移させるだけです。どのページからも最初に読み込むことを考え、`session_start`関数をこのプログラム冒頭で実行させることにします。まずはindex.phpで読み込ませてみましょう。

```
<?php
  include 'includes/login.php';
  $fp = fopen("info.txt", "r"); // ファイル読み込み
```

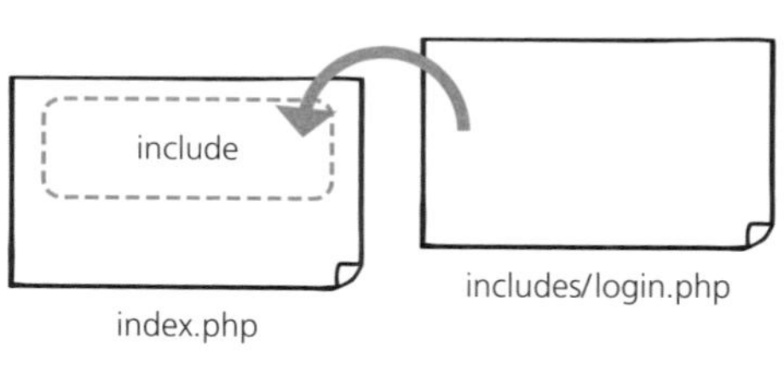

includeの動作イメージ

読み込むには`include`関数を使い、指定したファイルを読み込みます。`include`を使った部分にそのファイルがポコっとハマるイメージです！

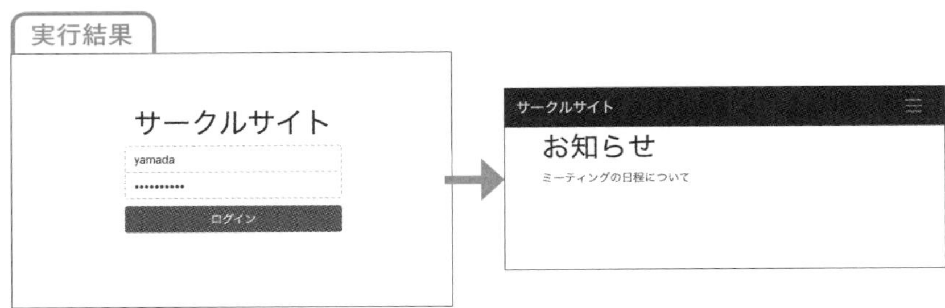

album.php、bbs.php、delete.php、info.php、upload.php、write.phpでも同様に、`include`でログイン処理を呼び出しましょう。何度も同じことを書く手間を減らすことができますし、今後ログイン処理の内容を変更することになっても修正箇所が少なくて済みます。

リスト12-5 includeによるログイン処理呼び出しの追加

```
<?php
  include 'includes/login.php';
```

《 Memo 》

include以外の読み込み方法

nclude以外にもファイルを読み込む方法があります。それぞれの違いについてまとめます。

include

指定ファイルを読み込みます。ファイルが見つからない場合は警告が出ますが、処理は続きます。

```
include 'includes/login.php';
```

require

指定ファイルを読み込みます。ファイルが見つからない場合はエラーが発生してプログラムが止まります。

```
require 'includes/login.php';
```

include_once

includeと同じ動作をしますが、他のファイルからすでに読み込まれていた場合には、再度読み込みをしません。

```
include_once 'includes/login.php';
```

require_once

requireと同じ動作をしますが、他のファイルからすでに読み込まれていた場合には、再度読み込みをしません。

```
require_once 'includes/login.php';
```


ログアウト処理

サークルサイトからログアウトしたいときのために、ログアウト処理を作りましょう。この処理は、複数人で同じPCを使っている場合などに、別ユーザとしてログインするためにも必要です。ログアウトのリンクが押されたら、セッションからユーザIDを削除してログアウト状態にし、ログインフォームへ遷移させます。

ログアウトメニューの追加 – navbar.php

ログアウト処理へのリンクを追加しましょう。

リスト12-6 ログアウト処理へのリンク追加（navbar.php）

```
  <li class="nav-item"><a class="nav-link" href="bbs.php">⏎
掲示板</a></li>
  <li class="nav-item"><a class="nav-link" href="logout.php">⏎
ログアウト</a></li> ←追加
</ul>
```

ログアウト処理 – logout.php

リスト12-7 logout.php

```
<?php
  session_start();
  if (isset($_SESSION['id'])){
    unset($_SESSION['id']);
  }
  header('Location: login.php');
?>
```

logout.phpでは、セッションにユーザIDが保存されていたときに、unset関数を使って変数を削除します。

unsetは、引数に指定された変数そのものを削除する関数です。変数にnullや0を代入した場合、変数自体を削除したわけではないのでisset関数の返り値はTRUEになりますが、unset関数を使った場合は変数自体が削除されるため、FALSEを返します。

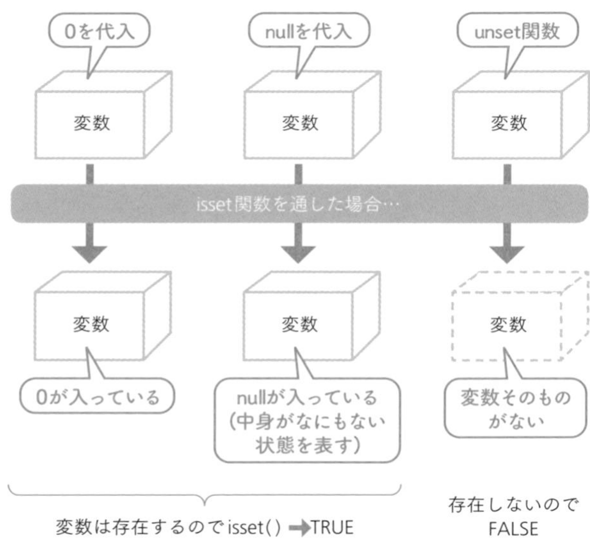

0 や null の代入と unset 関数使用時の動作

実行結果

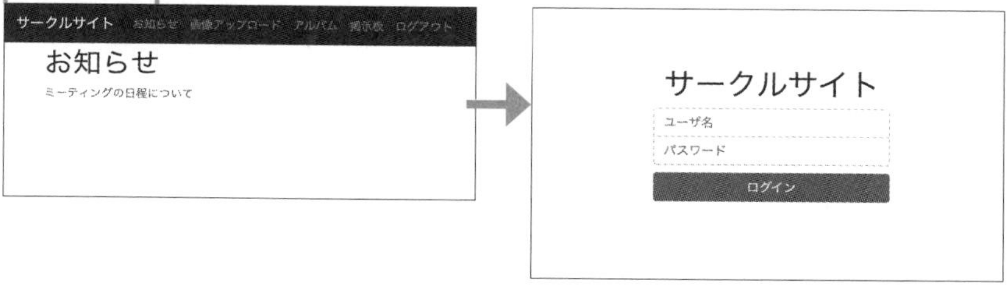

サークルサイト　お知らせ　画像アップロード　アルバム　掲示板　ログアウト

お知らせ

ミーティングの日程について

→

サークルサイト

ユーザ名

パスワード

ログイン

《 Memo 》

セッション変数の削除

たくさんの変数をセッションに保存したとき、ログアウト処理を行うと各変数を削除するのが面倒ですね。そこで、unset関数を使ってスーパーグローバル変数 $_SESSION 自体を削除してしまおうと考えた方もいるでしょう。

しかし、セッションの登録が不可能になってしまうので**絶対にダメ**です！

代わりに、全部のセッション変数を削除するには次のように書きます。

```
$_SESSION = array();
```

セッションファイルを削除するには、次の関数を使います。

```
session_destroy();
```

Check Test

Q1 クッキーに次のデータをセットしてください。

変数名	name
値	山田大介
有効期限	30分

Q2 セッション変数にアクセスするときの
スーパーグローバル変数はなんですか？

Q3 セッションに登録されたデータを削除するには、
なんという関数を使いますか？

第13章

セキュリティ

Webアプリケーションでは、しばしば重要なデータを扱うことがあります。悪意あるユーザから大切なデータを守るため、セキュリティ対策をしましょう。どのように守るかを学ぶには、攻撃手法を学ぶのが一番の近道です。

この章で学ぶこと

1 _ セキュリティの基礎知識

2 _ クロスサイトスクリプティング（XSS）

3 _ クロスサイトリクエストフォージェリ（CSRF）

4 _ セッションハイジャック

5 _ SQLインジェクション

Introduction

13 **1**

セキュリティの基礎知識

PHPのセキュリティ

昨今、ニュースで個人情報の漏えいなどが騒がれ、セキュリティ意識を高めようという機運が広がっていますね。

「PHPはセキュリティが弱い」という話をよく聞きます。これには、PHP自体が急速に発展してきたため、セキュリティホール（セキュリティの穴：突かれると弱いところ）が多く発見されてきたという背景があります。また、PHPが初心者にとって使いやすいプログラミング言語であることから、セキュリティに対してケアしていないプログラムが量産され、セキュリティが弱いというイメージが付いてしまったのです。こういったセキュリティ上の攻撃に対する弱い部分を、**脆弱性**（ぜいじゃくせい）といいます。

PHPも、誕生した当初の「HTMLに少し動きを付ける」程度の貧弱なプログラミング言語から、きちんとしたWebアプリケーションを構築できる立派な言語に進化したのですから、それを使う私たちもセキュリティに対してよく考えるべきです。

ともあれ、どういった弱点があるのかわからないと対策できません。そこで、この章ではセキュリティにおいて気を付けるべき点を挙げます。PHPを書き慣れていない方は、なかなかすぐに実践というわけにはいかないでしょうけれども、1つずつセキュリティが守れているか確認し、安全なWebアプリケーションを作っていきましょう！

SSL通信を使おう

これまで開発したWebアプリケーションの確認をする際、httpから始まるURLにアクセスしていました。httpというプロトコルは、通信経路が暗号化されていません。そのため、悪意あるユーザが通信経路を盗み見する可能性があります。

通常のWebアプリケーションなら問題ないかもしれませんが、クレジットカード番号やパスワードを扱う場合、ブラウザからPHPプログラムが置いてあるサーバへの経路が暗号化されていないと不安ですね。こういう場合に、SSL（エスエスエル）（Secure Sockets Layer）暗号化通信を使って、通信経路を守ることができます。

現在では、ブラウザのアドレスバーに鍵マークのついたサイトが多く存在しています。これらは暗号化された経路だという証明です。

SSL通信の適用方法は、PHPプログラムではなくサーバの設定になりますのでここでは詳しく説明はしません。

セキュリティに対する心構え

「外部入力を疑え」ということがPHPにおける基本的なセキュリティへの心構えです。あなたのWebアプリケーションを使う大半の人々は心優しいかもしれませんが、一部の心無い人によってセキュリティホールが暴かれてしまう事態は避けなければなりません。

このため、PHPでは外部入力に対して「これ、本当に正しいのかな？」と常に疑う必要があります。外部入力とは次のような内容を指します。

- GETの値（URLのパラメータを変更するなど）
- POSTの値（フォームを改ざんして想定外のデータを送るなど）
- 想定外の入力内容（JavaScriptのコードが書かれるなど）
- クッキーの値

どの不正も、少し知識があれば簡単に実行できてしまいます。外部入力を疑わなければならない理由がわかりましたね。

セキュリティ対策を万全に施すとなると、プログラム全体に多くの修正が必要になるため、第14章で紹介するフレームワークを利用するのも1つの手です。フレームワークを使うと安全なWebアプリケーションを作成することができます。とはいえ、どういった攻撃があるのかを知っておくことは重要です。次節から確認していきましょう。

Check Test

Q1 セキュリティ上の攻撃に対して弱い部分のことをなんといいますか？

Q2 PHPプログラムへの外部入力とはなんですか？
例を２つ挙げてください。

13 2 クロスサイトスクリプティング（XSS）

攻撃してみよう

クロスサイトスクリプティング（XSS：Cross Site Scripting）という攻撃があります。普通に略すとCSSですが、デザインを整えるCSSと混同するためXSSと略されている攻撃です。実際にサークルサイトに攻撃してみましょう！

掲示板の本文に、次のように入力して書き込んでみてください。

```
こんにちは、<script>alert("XSS!!")</script>
```

実行結果

サークルサイト　お知らせ　画像アップロード　アルバム　掲示板　ログアウト

掲示板

タイトル

XSSのテスト

名前

山田

こんにちは、<script>alert("XSS!!")</script>

削除パスワード（数字４桁）

1234

書き込む

tennis.localhost の内容

XSS!!

OK

掲示板を表示すると警告ボックスが表示されてしまいました！

書き込んだ内容は、「XSS!!」と表示するというJavaScriptのプログラムです。JavaScriptは、操作するうえで少し便利な動きを実現するため、ブラウザ上で動くプログラムです。

XSSとは

XSSは、あるサイトに記述されたJavaScriptのプログラムが、別のサイトで実行されてしまうという脆弱性です。サイト間をまたがるため「クロスサイト」という名前が付いています。サイト間をまたがらずとも、JavaScriptで任意のコードが実行されてしまうことがある点も問題です。

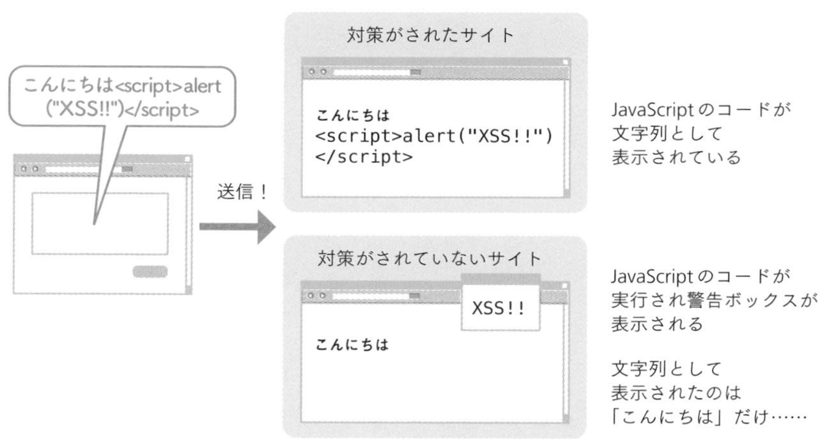

XSS

ユーザが入力した文字列を適切に処理していなかったがために、JavaScriptが実行されてしまったのですね。先ほどの例でも、「こんにちは」までは通常の文字列として表示されますが、JavaScriptに挟まれた「XSS!!」の部分はプログラムとして認識されるため、文字列として表示されません。

対策

XSSの対策には、出力値の**エスケープ**が有効です。エスケープとは、特別な意味のある文字列を別の無害な文字列に置き換えることです。入力された内容を出力する際に、JavaScriptのコードになるような文字列を、次のような実体参照に置換します。こうすることで、コードやHTMLとして認識されるのでなく、通常の文字列として表示されます。

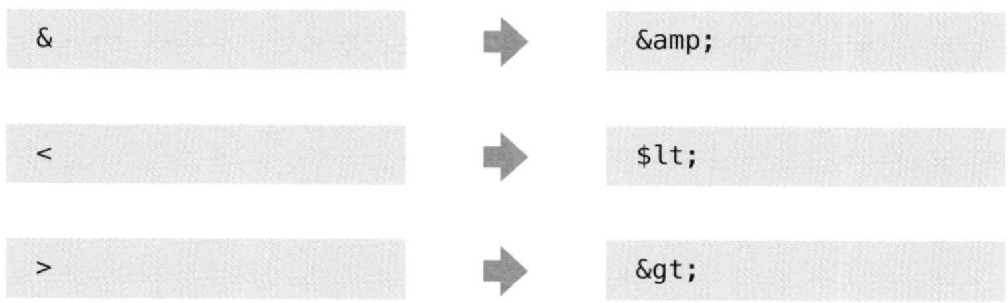

しかし、1つ1つチェックしていたらキリがないですね。そこで、出力時に`htmlspecialchars`関数でエスケープしましょう。

```
echo nl2br(htmlspecialchars($body, ENT_QUOTES, 'UTF-8'));
```

第2引数で指定した定数で、ダブルクォーテーション（"）だけでなくシングルクォーテーション（'）もエスケープします。第3引数は文字コードです。エスケープ後の文字列を`nl2br`関数の引数として、改行コードを改行タグに変換します。

サークルサイトのXSS対策

サークルサイトでユーザが入力した文字列を出力している部分といえば、bbs.phpです。本文出力部分に対し、`htmlspecialchars`関数を使いましょう。

リスト13-1　修正前のbbs.php

```
<p class="card-text"><?php echo nl2br($row['body']) ?></p>
```

リスト13-2　修正後のbbs.php

```
<p class="card-text"><?php echo nl2br(htmlspecialchars($row⏎
['body'], ENT_QUOTES, 'UTF-8')) ?></p>
```


HTMLタグの属性値にも注意!

出力以外にも気を付けることがあります。HTMLタグの属性値は必ずダブルクォーテーションで囲みましょう。属性値はクォーテーションで囲まなくてもブラウザがうまく解釈してくれますが、ユーザが入力した値がHTMLタグの属性値として使われるような場合、次のような攻撃を受けることがあります。

```
<input type=text value=<?php echo $param ?>>
```

```
<input type=text value=a onMouseOver=alert('XSS')>
```

`$param`に半角スペースを含んだJavaScriptが入っているため、属性値としては「a」が認識されます。そして、以降の`onMouseOver`が新たに属性として認識されるので、テキストボックスにマウスが重なるとアラートが表示されます。

ダブルクォーテーションで囲んでおけば、`onMouseOver`属性までもがクォーテーションの中に含まれるので、XSSを防ぐことができます。

属性値中に<や>、&を表示させるには、実体参照を使います。

```
<input type="text" name="title" value="ねこ&amp;いぬ">
```

```
ねこ&いぬ
```

サークルサイトに具体的な対策はしませんが、クッキーを発行する際にも一工夫するとよりよいでしょう。第12章で使ったsetcookie関数は、実は次のように引数をたくさんとる関数です。

```
setcookie(クッキー名, 値, 有効期限, パス , ドメイン, secure設定, ⏎
httponly設定)
```

パスとドメインは、それぞれクッキーがどのディレクトリ・ドメインで有効かを示します。

secure設定がTRUEになっていると、ブラウザはHTTPS接続時のみクッキーを送信します。

httponly設定がTRUEになっていると、JavaScriptなどからクッキーにアクセスできなくなります。

Check Test

Q1 XSSに関する説明です。空欄を埋めてください。

XSSの対策として、出力する前に文字列を［ A ］する。

Q2 PHPで、Q1の処理を行う関数はなんですか？

13 3 クロスサイトリクエストフォージェリ（CSRF）

脆弱性と攻撃の方法

クロスサイトリクエストフォージェリ（CSRF：Cross Site Request Forgeries）とは、意図しないリクエストを強要する攻撃手法です。

例えば、ログインなどの認証を行わずに書き込みができる掲示板があったとします。悪意を持ったユーザは、攻撃用のプログラム（偽のサイト）を作成します。このプログラムは、アクセスがあると攻撃対象の掲示板に勝手にデータを送信します。つまり、偽サイトのリンクをうっかりクリックすると、掲示板にあなたの意図しない書き込みがなされてしまうのです。

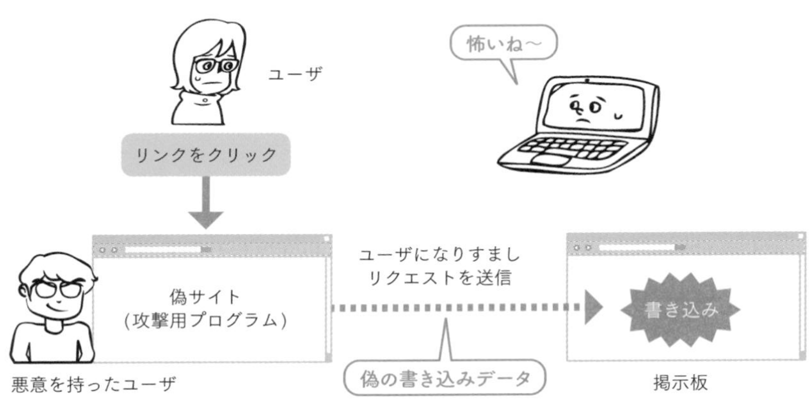

CSRF 攻撃

このように、自分はリクエストをしていないのに、他のプログラムを経由して強制的にリクエストを送られてしまうのがこの攻撃の特徴です。

本来ならば、掲示板に書き込めるデータは、掲示板の書き込みフォームから送信されないといけません。悪意を持ったユーザが作った他のサイトから、データだけ送信して書き込みができるという状況が問題です。

対策

この対策には、トークンを使って正しい書き込みフォームから送信されたデータであることを確かめるのが効果的です。トークン（token）には「証拠」という意味があり、コンピュータ用語では文字列などの最小単位を指します。ここでのトークンとは、特定のプログラムが作った証拠を示す短い文字列のことです。

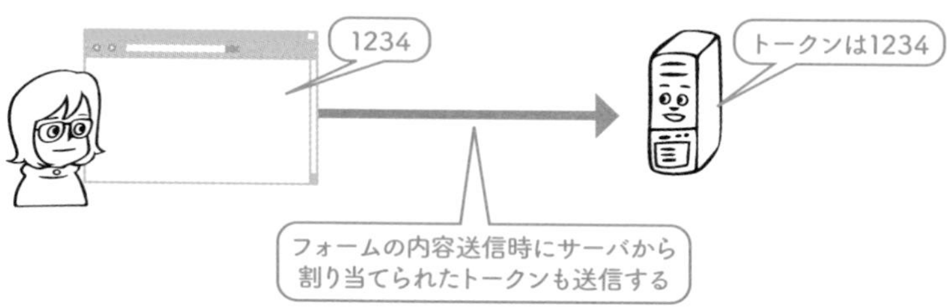

CSRF 対策

具体的な対策では、ページにアクセスしてきたときにPHPでトークンを作成し、セッション変数にトークンを保存します。そのトークンを`input type`が`hidden`のフォームに埋め込みます（画面上に表示されなくなります）。データ送信時にトークンを含めることで、サーバが割り当てたトークンを持っているかどうかを確かめることができます。

❶ アクセス時、トークンを作成
セッションに保存する

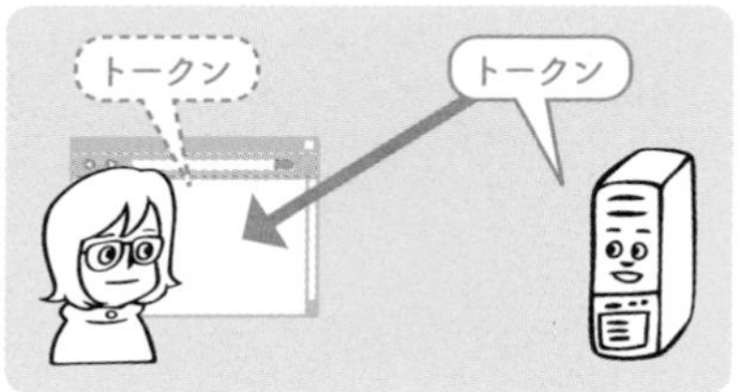

❷ トークンをhiddenフォームに埋め込む

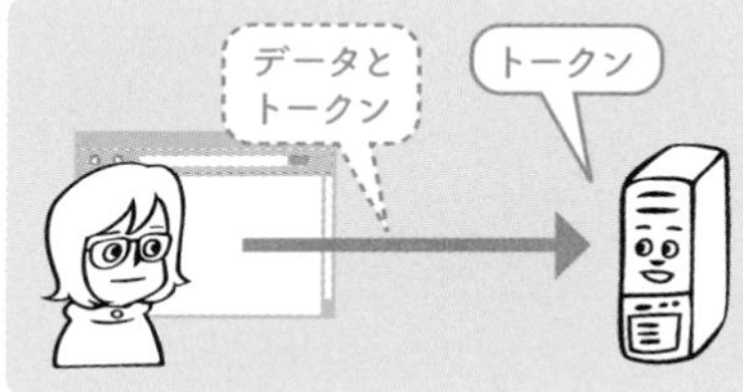

❸ フォームデータ送信時
データとともにトークンを送信

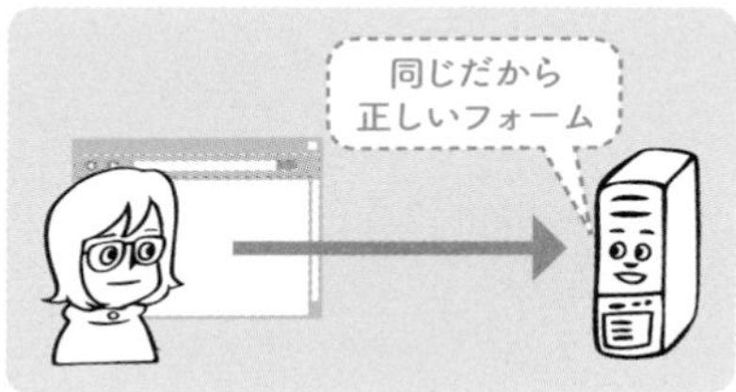

❹ セッションのトークンと
送信されたトークンを比較

トークンの割り当て手順

トークンは、次のようにセッションIDをハッシュ化して作成しましょう。

```
hash("sha256", session_id()); // SHA-256方式のハッシュ
```

session_id関数は、現在のセッションIDを取得する関数です。

サークルサイトのCSRF対策

ここでは一例として、掲示板に対策を行います。まずは掲示板の投稿フォームと削除用のフォームの送信ボタンの下に、トークンを送信するためのhiddenフォームを埋め込みます。

リスト13-3 bbs.phpのCSRF対策

```
<label>削除パスワード（数字4桁）</label>
<input type="text" name="pass" class="form-control">
</div>
<input type="submit" class="btn btn-primary" value="書き込む">
```

```
<input type="hidden" name="token" value="<?php echo hash⏎
("sha256", session_id()) ?>">
(略)
<input type="text" name="pass" placeholder="削除パスワード" class=⏎
"form-control">
<input type="submit" value="削除" class="btn btn-secondary">
<input type="hidden" name="token" value="<?php echo hash⏎
("sha256", session_id()) ?>">
```

入力データを受け取るwrite.phpでは、次のようにして送信されたトークンが正しいか確認します。

リスト13-4 write.phpのCSRF対策

```
$pass = $_POST['pass'];
$token = $_POST['token']; // CSRF対策

// CSRF対策：トークンが正しいか？
if ($token != hash("sha256", session_id())){
  header('Location: bbs.php');
  exit();
}
```

追加

データの削除を行うdelete.phpでも同様に、トークンの確認をします。

リスト13-5 delete.phpのCSRF対策

```
$pass = $_POST['pass'];
$token = $_POST['token']; // CSRF対策

// CSRF対策：トークンが正しいか？
if ($token != hash("sha256", session_id())){
  header('Location: bbs.php');
  exit();
}
```

追加

このようにして、データ送信側でトークンを埋め込み、受信側でトークンが正しいか確認することで、正しいフォームから送信されていることがわかります。

Check Test

Q1 CSRF対策についての説明です。空欄を埋めてください。

フォームに推測されにくい値である　A　を埋め込み、　B　が割り当てた　A　と同じ値か確認することで、正しいフォームから送信されたものか判別する。

13 4 セッションハイジャック

脆弱性と攻撃の方法

セッションハイジャックとは、セッションが他人によってハイジャック、つまり乗っ取られてしまう脆弱性です。これは、他人のセッションIDを知ることで本人になりすますという攻撃手法です。

通常、セッションIDはクッキーによって管理されています。自分のブラウザに保存されているセッションIDと、サーバが保存しているセッションファイルの名前によって同一人物であるとし、ページ間でセッションデータを受け渡していることは前章で学びましたね。

しかし、例えばこのセッションIDが悪意あるユーザに知られブラウザに保存されてしまったら、サーバは悪意を持ったユーザを「本当のユーザ」と信じて処理を続けてしまいます。

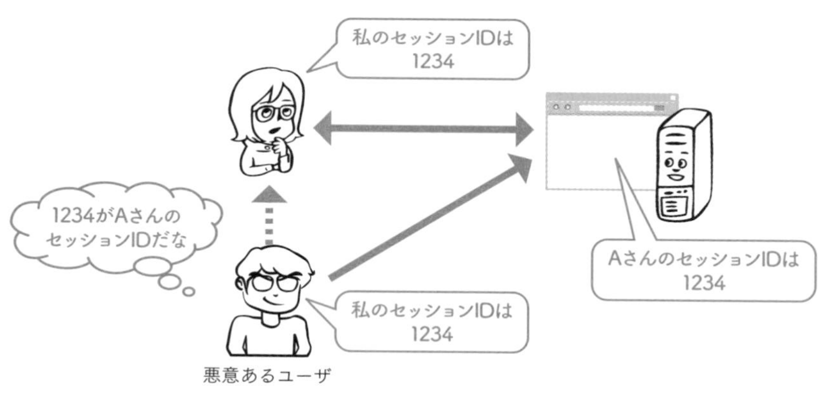

セッションハイジャック

セッションIDが連番で想像しやすいものだった、文字列長が短かった、通信経路に盗聴器を仕掛けてセッションIDを抜き出した、攻撃者が作成したセッションIDを使わせた……など、セッションハイジャックは、セッションIDが他人に知られてしまうことから始まります。

対策

この対策には、ログイン直後にセッションIDを再作成するのがよいでしょう。これはログインフォームが表示されたページで、なんらかの方法によりセッションIDが盗まれてしまった場合を想定しています。

そのページでセッションIDが盗まれた場合でも、正しくログインできたらセッションIDを再発行することで、本来のユーザは新しいセッションIDで操作を続けることができます。悪意を持ったユーザが知っているのは無効になった古いセッションIDのため、乗っ取りが失敗します。

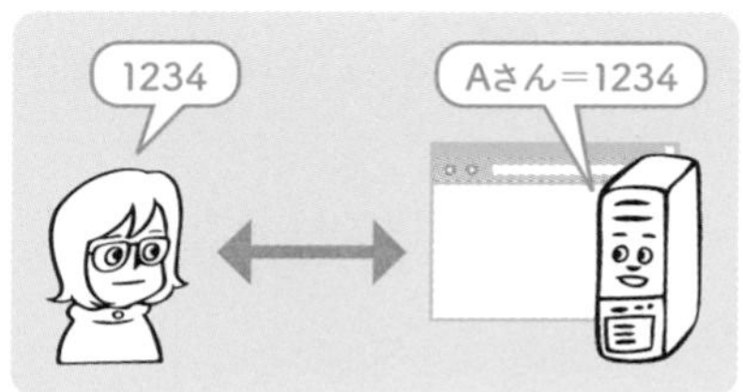

❶ ログイン画面
Aさんのセッション ID は 1234

❷ Aさんのセッション ID が盗まれる

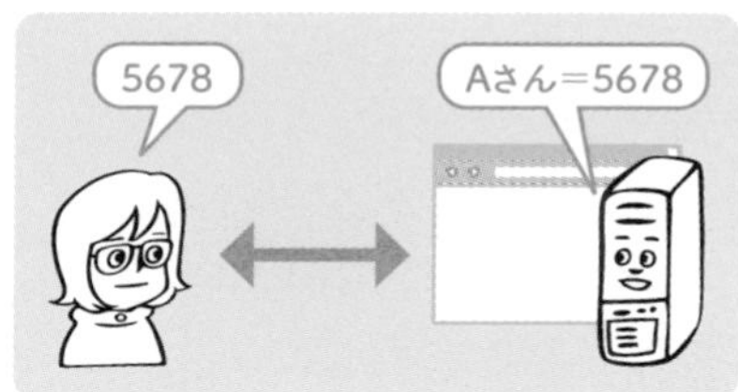

❸ ログイン後、Aさんのセッションを再発行

❹ 盗まれたセッション ID は古いので
悪用できない

セッション ID 再発行での対策

セッションIDの再作成には、session_regenerate_id関数を使います。

```
session_regenerate_id(true);
```

第1引数にtrueを指定すると、サーバに残った古いセッションファイルを削除します。

サークルサイトのセッションハイジャック対策

サークルサイトにセッションハイジャック対策を施しましょう。ログインした直後にセッションIDの再作成を行います。次のようにして、セッションIDを再発行したのちにユーザIDをセッションへ書き込みます。

リスト13-6 セッションハイジャックの対策（login.php）

```
// セッションID再作成
session_regenerate_id(true);
// ユーザが存在していたら、セッションにユーザIDをセット
$_SESSION['id'] = $row['id'];
```

利用者からするとログイン処理の動きは変わっていませんが、ログイン前後でクッキーのセッションIDの値が変更されています。

Check Test

Q1 セッションハイジャックについての説明です。空欄を埋めてください。

セッションIDが［ A ］だったり、想像しやすい文字列だったり、文字列長が短かったりすると、セッションIDが他者に知られてしまう可能性がある。

Q2 セッションIDを再作成する関数はなんですか？

13 5 SQLインジェクション

脆弱性と攻撃の方法

SQL（エスキューエル）インジェクションとは、不正にDBを操作して、意図しない情報を表示したり削除したりする非常に危険な脆弱性です。

例えば、名簿から名前を検索するサイトがあったとします。フォームの入力欄に名前を入力して検索ボタンを押すと、usersテーブルのnameカラムを入力値で検索するというサイトです。

実行するクエリは、$nameの部分にユーザが入力したデータを埋め込みます。「鈴木」と入力すれば、nameカラムが鈴木であるレコードだけが検索されます。

```
SELECT * FROM users WHERE name='$name'
```

```
SELECT * FROM users WHERE name='鈴木'
```

しかし、「鈴木' OR '1' = '1」のようなデータが送信されたら……？

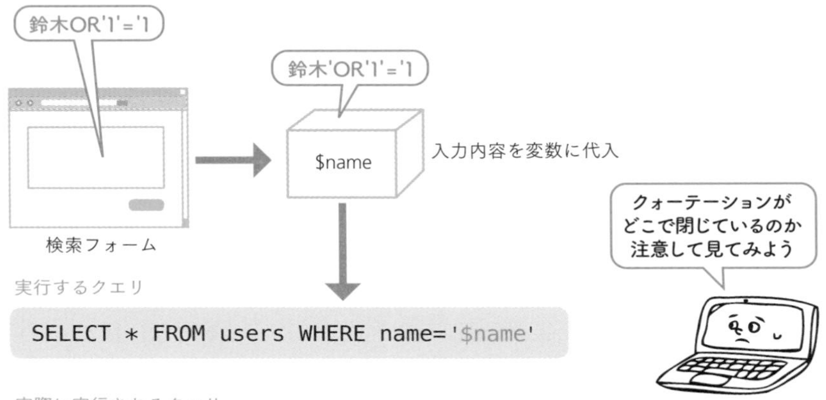

SQLインジェクション

$nameを囲んでいたクォーテーションが一旦閉じられ、「OR '1' = '1」の条件が追加されたような状態になります。$nameを囲んでいた後ろのクォーテーションは、「OR '1' ='1」の後ろを閉じるクォーテーションになってしまいます。

「'1' = '1'」の結果は真（TRUE）のため、このWHERE句は「nameが鈴木、または真」という意味になります。nameの値にかかわらず、OR以降が真のために、すべてのレコードが選択される結果になってしまいます。

SELECT文ではレコードが検索されるだけなので、害はなさそうかも？ と思うかもしれませんが、例えばこれがログイン画面だったらどうでしょうか。パスワードがわからなくても、他人のユーザ情報でログインできてしまうかもしれません。

さらに、これがDELETE文だったらどうでしょうか。該当の1行だけを削除したかったのに、すべてのレコードが削除されてしまうと考えたら、この脆弱性がいかに危険かがわかります。

では、実際にどのようにしてSQLインジェクションの攻撃を受けるのか、プログラムを交えて確認してみましょう。

```
<?php
  // SQLインジェクションの攻撃用文字列
  $name = "鈴木' OR '1' = '1";

  // DBに接続
  $dsn = 'mysql:host=localhost;dbnam=tennis;charset=utf8';
  $user = 'tennisuser';
  $password = 'password';

  try {
    $db = new PDO($dsn, $user, $password);

    $records = $db->query("SELECT * FROM users WHERE name=⏎
'$name'");
    foreach ($records as $row){
      echo '<p>ID:' . $row['id'].'</p>';
      echo '<p>name:' . $row['name'].'</p>';
      echo '<p>password:' . $row['password'].'</p>';
      echo '<hr>';
    }
  } catch(PDOException $e){
    exit('エラー：'.$e->getMessage());
  }
?>
```

`$name`に代入した文字列は、悪意あるユーザが攻撃用に指定した文字列だと思ってください。本来なら「鈴木」というユーザだけを検索するプログラムですが、攻撃によりusersテーブルのすべてのレコードが取得されてしまいます。

`query`メソッドはSQL文をそのまま実行するメソッドなので、悪意ある文字列がそのまま当てはめられてしまったのですね。

対策

これを対策するには、ユーザが入力したデータをエスケープしなければなりません。エスケープを行うには専用の関数などが存在しますが、一番適切な方法はプリペアドステートメントを使うことです。

これまで作成してきたサークルサイトのプログラムのように、PDOの持つプリペアドステートメント機能を使い、`bindParam`メソッドで値を割り当てることで、PDOが自動的に適切なエスケープ処理を行ってくれます。

Check Test

Q1 SQLインジェクションについての説明です。空欄を埋めてください。

SQLインジェクションの脆弱性があるサイトでは、情報が意図せず表示されたり、データが［ A ］される可能性がある。

Q2 SQLインジェクションの対策は、どのように行えばよいですか？

第14章

中・上級へのステップ

サークルサイトの開発、お疲れ様でした！ ここまでくれば、初心者は脱却できたかと思います。これから中・上級者を目指すにあたり、追加開発のアイデアや、学ぶべき技術、気をつけるポイントについて学びましょう！
できることが増えると世界が広がります。

この章で学ぶこと

1 _ DBの活用

2 _ ライブラリの活用

3 _ フレームワーク

4 _ 品質の高いアプリケーションを目指して

Introduction

14 ― 1 DBの活用

開発のアイデア

これまで、サークルサイトの開発を通じて、基本的なPHPプログラミングについて学んできました。ここからは、サークルサイトをもっと便利にするには？ という観点から、中・上級への道を示したいと思います。

ログイン機能を実装したとき、ユーザ情報は手動でDBに入力していました。しかし、これからどんどん新しいメンバーが加入することを考えると、ユーザ自らが新規登録をできる機能があったほうがよさそうですね。

また、自己紹介や連絡先などの情報を保存できれば、掲示板の名前欄にプロフィールで設定した名前を表示するなど、さらに便利になりそうです。

実現のヒント

ユーザ登録時にプロフィールを作成するとして、ログイン情報とプロフィールを保持するテーブルについて考えてみましょう。

usersテーブル

ログイン用のユーザ名とパスワード、ユーザIDを保存します。

profilesテーブル

ユーザのプロフィール情報を保持します。usersテーブルにユーザ情報が新規登録されたタイミングで1レコード作成し、氏名、連絡先、自己紹介などを保存します。

各テーブルは、次のようなテーブル構造が考えられます。

users テーブルの設計値

カラム名	カラム型（長さ）	NOT NULL制約	説明
id	INT	○	ログイン用ユーザID。主キー。自動採番にする
name	VARCHAR(255)	○	ログインユーザ名
password	VARCHAR(255)	○	ログインパスワード

profiles テーブルの設計値

カラム名	カラム型（長さ）	NOT NULL制約	説明
id	INT	○	主キー。ユーザID。usersテーブルの主キーと同じ
name	VARCHAR(50)	○	氏名
body	TEXT	-	自己紹介
mail	VARCHAR(255)	-	メールアドレス

usersテーブルとprofilesテーブルは1対1の関係です。usersテーブルのidは自動採番されるのに対し、profilesテーブルのidは自動採番されません。しかし、usersテーブルに登録したidを使ってprofilesテーブルのidを決めてidを対応させておけば、テーブルの結合ができます。

profiles テーブルの作成

まずは、profilesテーブルを作り、すでに登録されているユーザの分のプロフィールを追加しましょう。MariaDBにログインし、tennisデータベースを選択したのち、次のCREATE文を実行します。

```
CREATE TABLE profiles(
  id INT primary key not null,
  name VARCHAR(50) not null,
  body TEXT,
  mail VARCHAR(255)
);
```

次に、既存ユーザの分のプロフィールを追加します。bodyとmailカラムは空のため、nullにしておきます（もちろん入力してもOKです）。日本語入力がうまくいかない場合、p.39のNoteを参考にコマンドプロンプトの文字コードを変更してください。

```
INSERT INTO profiles values
  (1, '山田太郎', null, null),
  (2, '田中二郎', null, null),
  (3, '菊池三郎', null, null);
```

テーブルの結合

これで2つの関連するテーブルができました。どちらのテーブルからもユーザIDが1の人の情報を引き出したい場合、SELECT文を2回実行しなければいけませんね。でも、テーブルの結合をすると、1回で両方のテーブルから情報を取得することができます。このように、複数テーブルを結合できるのがDBの大きな利点です。

SELECT * FROM users;
SELECT * FROM profiles; のように、個別にSELECTするところを・・・

id	name	password
1	yamada	*****
2	sato	*****
3	suzuki	*****

id	name	body
1	山田	…
2	佐藤	…
3	鈴木	…

結合！

SELECT * FROM users, profiles WHERE users.id=profiles.id;

id	name	password	id	name	body
1	yamada	*****	1	山田	…
2	sato	*****	2	佐藤	…
3	suzuki	*****	3	鈴木	…

データベースの利点 ➡ テーブル結合して一度にまとまったデータを取得できる

テーブルの結合

サークルサイトでテーブル結合

では、サークルサイトでもテーブルを結合してみましょう。ユーザ情報を取得するのはlogin.phpです。SELECT文を変更してみましょう。

リスト14-1 login.php

```
// プリペアドステートメントを作成
$stmt = $db->prepare("SELECT users.id, users.name AS login_⏎
name, profiles.name AS name
  FROM users, profiles
  WHERE users.id=profiles.id AND users.name=:name AND users.⏎
password=:pass");
```

このSQL文は、usersテーブルとprofilesテーブルをそれぞれのテーブルのidを元に結合し、ログインフォームから送信されたユーザ名とパスワードは、usersテーブルのname、usersテーブルのpasswordに当てはめて検索しています。

```
SELECT users.id, users.name AS login_name, profiles.name AS name
```

SELECTするのは…
　usersテーブルのid
　usersテーブルのname（login_nameという表示名で取得する）
　profilesテーブルのname（nameという表示名で取得する）

```
FROM users, profiles
```

取得してくるテーブルは…
　usersテーブル、profilesテーブル

```
WHERE users.id=profiles.id AND users.name=:name AND users.password=:pass
```

条件は…
　usersテーブルのidとprofilesテーブルのidを結合
　& usersテーブルのnameが:nameと同じ
　& usersテーブルのpasswordが:passと同じ

結合SQL文の説明

SELECTで取得してくるカラムは、全部（*）から3つのカラムに変更しました。どちらのテーブルにもidやnameがあるので、どちらのテーブルから取得するのかを**テーブル名.カラム名**と明示します。nameのようにカラム名が同じ場合は、AS句を使って別名を付けます。

FROM句は取得してくるテーブルを指定します。複数テーブルはカンマで区切ります。

WHERE句にはまず、結合条件を記載しました。usersテーブルのidとprofilesテーブルのidが同じもので表を結合します。users.nameとusers.passwordがログインフォームからの入力値であることは、これまで通りです。

このクエリで取得できる値は次のような配列です。

```
$row[id] => 1
$row[0] => 1
$row[login_name] => yamada
$row[1] => yamada
$row[name] => 山田太郎
$row[2] => 山田太郎
```

カラム名が要素名になったものと、取得したカラムに連番の要素番号が振られたものがあります。

セッションに値をセットする部分のプログラムを変更しましょう。

```
// ユーザが存在していたら、セッションにユーザIDをセット
$_SESSION['id'] = $row['id'];
$_SESSION['name'] = $row['name'];
```

セッションにプロフィールの名前を保存したので、index.phpに表示しましょう。

リスト 14-2 index.php

```
<!-- ここから「本文」-->
<p>ログイン中のユーザ：<?php echo $_SESSION['name'] ?> </p>
<h1>お知らせ</h1>
```

実行結果

サークルサイト　お知らせ　画像アップロード　アルバム　掲示板　ログアウト

ログイン中のユーザ：山田太郎

お知らせ

ミーティングの日程について

その他の中・上級へのステップ

このように、テーブルを結合することで便利になります。

さらに開発を考えると、次のような拡張が考えられます。

- ユーザ新規登録機能と、新規登録時にプロフィールも作成する
- 掲示板の名前欄をなくし、セッションから名前を取得する

- ユーザに管理者や投稿者などの権限を付け、権限ごとにできる行動を制限する
- ユーザ一覧機能
- サイト内メッセージ機能

みなさんも、どのような修正をすると便利になるか考え、自分のWebアプリケーションを育てていきましょう。

Check Test

Q1 usersテーブルの主キーを元にprofilesテーブルにデータを入れるとき、気を付けたほうがよいことを挙げてください。

Q2 テーブルを結合する利点はなんですか？

14 2 ライブラリの活用

さらにWebアプリケーションを発展させるには、**ライブラリ**を使いましょう。ライブラリとは、開発によく使う便利な機能をまとめたプログラム群のことです。PHPには便利なライブラリが多く存在します。

開発のアイデア

サークルサイトのアルバム機能では、写真のアップロードを行いました。しかし、一覧画面の画像はアップロードされたときと同じ大きさのままで、Bootstrapにより見た目だけ小さくしています。

つまり、特大サイズの画像が何枚もアップロードされた場合、画像の読み込みに時間がかかってしまうことになります。こんなとき、他のサイトでは画像アップロードと同時に**サムネイル**という縮小画像を作成して保存しています。一覧表示するときにはサムネイルを表示し、クリックしたら大きな画像を見ることができるようにすれば、ページ読み込みの負担が軽くなります。

サムネイルの作成

❶ アップロード

❷ 元画像の保存

❸ サムネイルの保存

元画像保存時に、元画像からサムネイルも作成して保存しておく

表示するとき

❶ 一覧ページ

❷ クリックで元画像

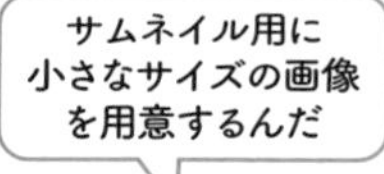

一覧ページではサムネイルを表示することでページ読み込み時の負担が軽くなる

サムネイルの作成と表示

実現のヒント

サムネイルを作成するには、画像操作をする**GDライブラリ**を使います。

まず、GDライブラリが使えるかどうか確認しましょう。`phpinfo`関数の結果から、gdの項目を見てください。phpinfoでは、php.iniというファイルで設定した内容を確認できます。「GD Support」が「enabled」になっていれば利用可能です。

リスト14-3 phpinfo.php

```
<?php phpinfo(); ?>
```

gd

GD Support	enabled
GD Version	bundled (2.1.0 compatible)
FreeType Support	enabled

GD Support

GDライブラリを有効にする方法

もしGDライブラリが使用不可（disabled）になっていた場合、またgdの項目が表示されない場合は、PHPの設定が書いてあるphp.iniというファイル上で、GDライブラリが無効になっているかもしれません。

php.iniの場所は、phpinfoの「Loaded Configuration File」項目を見てください。どの場所に置いてあるphp.iniを読み込んでいるかがわかります。

Loaded Configuration File	C:¥xampp¥php¥php.ini
Scan this dir for additional .ini files	(none)

Loaded Configuration File

場所を確認したら、php.iniをエディタで開き、「`extension=gd`」という行を探しましょう。行数はPHPのバージョンによって異なるので、エディタで「gd」と検索するとよいでしょう。

```
extension=bz2
extension=curl
;extension=ffi
;extension=ftp
extension=fileinfo
extension=gd
extension=gettext
;extension=gmp
;extension=intl
;extension=imap
```

php.ini

行頭にセミコロン（`;`）が付いているときは、設定ファイル上でコメント扱いになり無効になっています。有効にするには、行頭からセミコロンを削除しましょう。

上書き保存したら、XAMPPのコントロールパネルからApacheを再起動します。再起動時に変更した設定項目が再読み込みされます。phpinfoでgdの項目を確認してください。

サムネイルを作ろう

サムネイル作成時の動作をイメージしましょう。

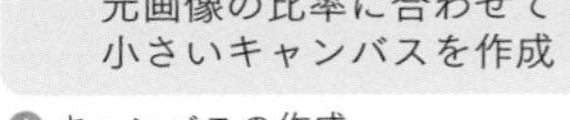

❶ キャンバスの作成

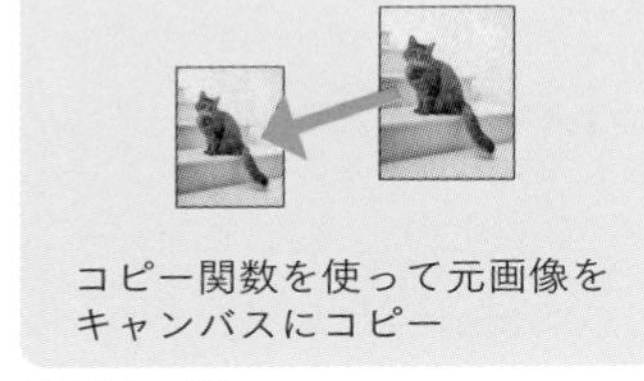

❷ 縮小コピー

キャンバスの作成とコピー

まず、サムネイルを描くためのキャンバスを作成します。キャンバスは作成時にサイズを決めるので、元画像の縦横サイズを測って、同比率の小さいキャンバスサイズにすると、作成後の見た目がよいでしょう。

キャンバスを作成したら、元画像からキャンバスに向けてコピーします。「元画像のここからここまでの範囲を、キャンバスのここからここへコピーする」という動作をそのまま実現する関数があるので、それを使います。このコピー関数には、画像を小さくしたときにピクセル間の違和感をなくし、"いいかんじ"に縮小してくれる機能（リサンプリング）も付いているため、とても便利です。

サムネイル作成プログラム

この動作イメージを実現するサンプルプログラムを以下に示します。このプログラムでは、幅200pxのサムネイルを作成しています。

元画像が幅1000px・高さ600pxの横長の画像であれば、幅200px・高さ

120pxになります。幅400px・高さ800pxの縦長の画像であれば、幅200px・高さ400pxになります。幅を基準にサイズを求めています。

また、画像は「file」という名前でアップロードされています。

リスト14-4 resize.php

```
<?php
  $new_width = 200; // サムネイルの幅

  // 元画像の縦横サイズを取得
  list ($width, $height) = getimagesize($_FILES['file']['tmp
_name']);

  // 画像のサイズ比率を計算
  $rate = $new_width / $width;     // 比率
  $new_height = $rate * $height;  // 比率から計算したサムネイルの高さ

  // サムネイルサイズでキャンバスを作成する
  $canvas = imagecreatetruecolor($new_width, $new_height);

  // アップした画像の拡張子によって新ファイル名と画像の読み込み方を変える
  switch (exif_imagetype($_FILES['file']['tmp_name'])){
    // JPEG
    case IMAGETYPE_JPEG:
      $image = imagecreatefromjpeg($_FILES['file']['tmp_name']);
      imagecopyresampled($canvas, $image, 0, 0, 0, 0, $new_
width, $new_height, $width, $height);
      imagejpeg($canvas, 'images/new_image.jpg');
      break;

    // GIF
    case IMAGETYPE_GIF:
      $image = imagecreatefromgif($_FILES['file']['tmp_name']);
      imagecopyresampled($canvas, $image, 0, 0, 0, 0, $new_
width, $new_height, $width, $height);
      imagegif($canvas, 'images/new_image.gif');
      break;

    // PNG
    case IMAGETYPE_PNG:
      $image = imagecreatefrompng($_FILES['file']['tmp_name']);
      imagecopyresampled($canvas, $image, 0, 0, 0, 0, $new_
width, $new_height, $width, $height);
      imagepng($canvas, 'images/new_image.png');
      break;
```

```
    // 画像以外のファイルのとき
    default:
      exit();
  }
  imagedestroy($image);
  imagedestroy($canvas);
?>
```

getimagesize関数は、第1引数に渡した画像のパスからサイズを調べ、情報を配列で返します。返り値は次のようになっています。

getimagesize関数の返り値

配列のキー	内容
0	幅
1	高さ
2	画像の形式（定数）
3	IMGタグで利用できる幅・高さ
4	MIMEタイプ
5	チャネル
6	色のビット数

よく使われるのは0～4までの内容で、5と6は画像によってうまく取得できないことがあります。

list関数を使うことで、いくつか返された配列のうち、先頭から好きなものだけを変数に代入できます。ここでは配列の0番目と1番目（幅と高さ）だけを変数に代入しました。

サイズの比率は、サムネイルの幅÷元画像の幅で求めます。そして算出した比率と元画像の高さを掛けることで、サムネイルの高さを算出します。

imagecreatetruecolor関数は、キャンバスを作成する関数です。第1引数が幅、第2引数が高さです。

画像リソース

プログラム後半のswitch構文では、画像の種類をexif_imagetype関数で判別しています。返り値はgetimagesize関数の2番と同じですが、GDライブラリが使える場合はこちらのほうが素早く動作します。

アップロードした画像の種類によって、読み込む関数と出力する関数が違うので、各case文に分岐していますが、処理の流れは同じです。

```
// JPEG
case IMAGETYPE_JPEG:
  $image = imagecreatefromjpeg($_FILES['file']['tmp_name']);
  imagecopyresampled($canvas, $image, 0, 0, 0, 0, $new_width, ⏎
$new_height, $width, $height);
  imagejpeg($canvas, 'images/new_image.jpg');
  break;
```

JPEGを元に説明をすると、まずimagecreatefromjpeg関数を使って元画像のリソースを取得しています。PHPでは、画像そのものを扱うのではなく、**画像リソース**という形式にしてから使います。先ほど作成したサムネイルのキャンバスも、$canvasに代入されているのはキャンバスの画像リソースです。画像に限らず、DBへ接続したときもリソースを使います。リソースとは、画像やDBのようにPHP以外とやりとりをする場合の窓口です。

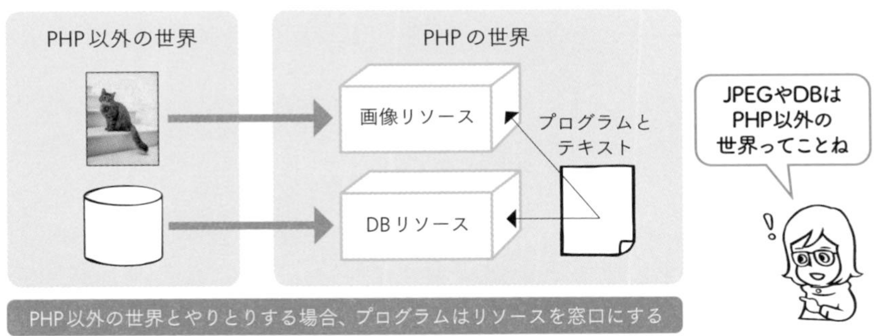

リソースはPHPと外の世界との窓口

画像のコピー

元画像のリソースを取得できたら、imagecopyresampled関数を使って画像の縮小をします。このとき、リサンプリングをしてきれいにサイズ変更をします。

```
imagecopyresampled($canvas, $image, 0, 0, 0, 0, $new_width, ⏎
$new_height, $width, $height);
```

引数は次のような意味があります。

❶ キャンバスの画像リソース
❷ 元画像の画像リソース
❸ キャンバスのx座標（コピー開始x座標）
❹ キャンバスのy座標（コピー開始y座標）
❺ 元画像のx座標（コピー開始x座標）
❻ 元画像のy座標（コピー開始y座標）
❼ キャンバスの幅（x座標からどのくらいの長さをコピーするのか）
❽ キャンバスの高さ（y座標からどのくらいの長さをコピーするのか）
❾ 元画像の幅（x座標からどのくらいの長さをコピーするのか）
❿ 元画像の高さ（y座標からどのくらいの長さをコピーするのか）

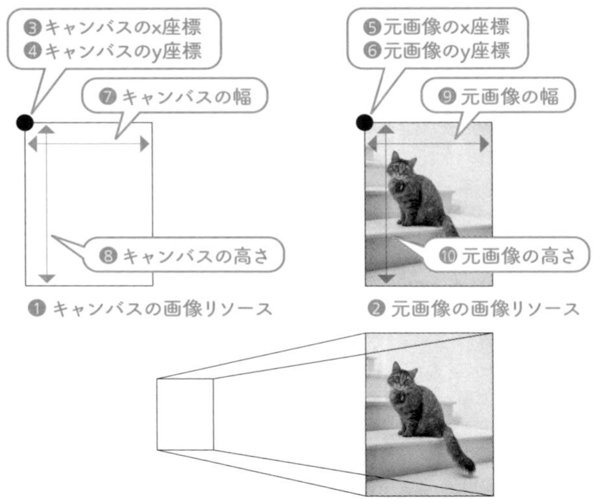

imagecopyresampled 関数の引数

画像の保存

`$canvas`にサムネイルの画像がコピーできたら、次は保存をします。

`imagejpeg`関数は、第1引数に保存したい画像リソース、第2引数に保存先のパスを指定します。

```
imagejpeg($canvas, 'images/new_image.jpg');
```

サムネイルサイズの求め方については、元画像を基準に割合で縮小したり、縦横どちらかを基準に比率を求めたりとさまざまな手法があるため、作っているWebアプリケーションやデザインなどに合わせて決めましょう。

画像を保存する際、JPEG・GIF・PNGの形式によって出力関数を分けましたが、どのような画像からでもサムネイルはJPEGで出力したいという場合もあるでしょう。キャンバスを作成して画像をコピーした段階では、画像リソースがどの画像形式になるか決まっていないので、出力時に決めることができます。

Check Test

Q1 GDライブラリが使えるか確認するにはどうすればよいですか？

Q2 画像をリサンプリングしてコピーする関数はなんですか？

14 3 フレームワーク

処理の再利用

PHPでプログラムをたくさん書いていると、「あれ？ この処理、この間も書いた気がするな」といった場面に遭遇します。ログイン機能やデータの受け渡しなど、Webアプリケーションにとって必要な処理ですが、毎回書くのは面倒ですね。

フレームワークは、このようなアプリケーションのよくある処理を「枠組み(framework)」として備え、アプリケーション開発の土台となるプログラムです。フレームワークを使うとWebアプリケーションの開発速度が向上したり、セキュリティが向上したりと、とても便利なのでぜひ利用してください。

フレームワーク
Webアプリケーション開発によくある汎用的な処理を「枠組み」としてまとめたもの

- 開発速度の向上
- セキュリティの向上
- コードの再利用

など…

フレームワーク

多くのフレームワークはオブジェクト指向で書かれており、MVCモデルというWebアプリケーション開発に便利な考え方を実現しています。フレームワークの利用を通してそれらの技法を学ぶのもよいでしょう。

フレームワーク自体を学ぶための時間が必要になりますが、習得すれば開発速度が向上します。

次にPHPの主要なフレームワークを紹介します。

Symfony

少し複雑ですが、大規模なWebアプリケーションに向いています。バンドルと呼ばれるコード群で開発を進めていくのが大きな特徴で、他のアプリケーションに組み込むことができるため、柔軟性の高い開発が行えます。

Laravel

Laravelは2011年にリリースされ、今や大人気となったフレームワークです。Symfonyが土台になって開発されたフレームワークで、わかりやすさや便利なコマンドの多さが評価されています。

CakePHP

DB利用やテンプレート、MVCモデルといった標準的な機能をサポートしており、ケーキを焼くように簡単にPHPでの開発ができる、というコンセプトで作られています。コマンドで機能を自動生成することができるので、高速開発が可能です。

Check Test

Q1 フレームワークについての説明です。空欄を埋めてください。

フレームワークとは、Webアプリケーション開発の汎用的な処理を　A　としてまとめたもの。

Q2 代表的なフレームワークを挙げてください。

14 4 品質の高いアプリケーションを目指して

アプリケーションの品質

プログラムを書くのに慣れてくると、試行錯誤しながらどんどんレベルアップしていくのを自分でも感じるでしょう。特にプログラミングの学習がはじめての人なら、数ヶ月前に書いた自分のソースコードを見返すと、まるで別人が書いたのかと思うほど成長を実感するかもしれません。

さらなる成長のステップとして、アプリケーションの品質についても考えてみましょう。どういった視点から品質を高めていけばよいか、いくつか例を挙げて説明します。

ソースコードの可読性

ソースコードの可読性とは、プログラムの見やすさのことです。次のような点に気を付けましょう。

①インデントを揃える

インデントとは、スペースやタブなどを行頭に入れる字下げのことです。

```
if ( $a =="test") {
    $b = "test program";
}
```

このスペースが「インデント（字下げ）」
プログラムが見やすくなり、処理の深さがわかる

どこからどこまでがif文なのかわかりやすくなるね

インデント

インデントを行うとプログラムが見やすくなり、入れ子の対応や処理の深さがわかります。

インデントは半角スペース4つが最近のトレンドですが、半角スペース2つ、8つ、タブなど、プロジェクトによってさまざまです。フレームワークを使うときは、フレームワークのインデントに合わせることが多いでしょう。プロジェクト開始時にインデントの長さについて統一しておきましょう。

②コメントと改行

意味のある処理ブロックの前後に、適切な改行やコメントを入れることも重要です。各行にコメントを書く必要はありませんが、後から見たときにどの部分でどんな処理をしているのか把握できるようにコメントを付けましょう。

意味のある処理ブロックの前にコメントを入れる

```
// BMIを計算する
$bmi = $weight / ($height * $height);
$bmi = round($bmi, 1);

// 表示
echo "あなたのBMIは" . $bmi . "です";
```

見やすくなるように適切に改行
1行が長くなりすぎないように

コメントと改行

複数人で共同開発をしているときなど、構文内の条件式がわかりにくかったり、SQL文が高度すぎたり、自分しかわからないような複雑なプログラムを書くと可読性が低くなります。

複雑・高度な処理を書く場合には、他の人や数ヶ月後の自分がそのプログラムを後から修正するかもしれない、という考えを持って、わかりやすいコメントを書きましょう。

③コードフォーマッターを使う

VSCodeを使っている場合、拡張機能としてコードフォーマッターを導入するとよいでしょう。プログラムの整形を自動で行ってくれるため、読みやすいソースコードを維持することができます。

VSCodeでは、コードフォーマッター以外にもさまざまな拡張機能があるので、ぜひお気に入りを見つけてください。

プログラムの拡張性

消費税がなかった時代から3%に増税したとき、物の値段に関わるシステムには大きな改修が発生したものもありました。この消費税変更で、プログラムの拡張性を考える設計者はきっとこう考えたはずです。

「消費税が3%になったということは、今後また消費税率が変わる可能性がある！ それなら、消費税率を簡単に変更できるよう設計しよう」

これがプログラムの拡張性についての基本的な考え方です。将来的に変更があるかもしれない部分について、次のように拡張しやすくしておくと品質向上につながります。

①マジックナンバーの廃止

マジックナンバーとは、プログラム中にベタ書きされた、開発者本人にしかわからないような具体的な数字のことです。例えば、8%の消費税率を表す数値の8がプログラム中に散りばめられていたら、10%に変更されたときに、プログラム中から該当の数値をすべて探し出して変更する必要があります。

マジックナンバーを使っているプログラムは、番号を変数や定数（データに固有の名前を与えること）に置き換えたり、外部ファイルに切り出したり、数値をDBで管理するなどの一手間を加えましょう。

```
// マジックナンバーを変数に置き換える
$tax = 1.1;
$total = $product * num * $tax;
// マジックナンバーを定数に置き換える
define("TAX", 1.1);
$total = $product * $num * TAX;
```

`define`関数を使って定数を定義すると、第1引数の名前で第2引数の値を呼び出すことができます。

②メソッド・関数の拡張

関数やクラスメソッドを作成するときに、似たような機能を持つものをたくさん作成するのはよくありません。値によって使う関数が違うが処理は同じという場合には、1つの関数にまとめて引数によって処理を調整しましょう。

もちろん、あまりにも拡張性が高すぎて、どんな引数でも受け入れるような関数では、便利を通り越して逆に使いづらいです。適度な拡張性を持たせた関数を作りましょう。

バグのないプログラム

エラーやバグがまったくないプログラムを作るのが理想ですが、なかなか難しいことです。しかし、品質を上げるには重要なポイントです。次の点に気を付けてバグを減らしていきましょう。

①エラー文をよく読む

PHPのエラー文は親切です。よく読めばどこにエラーがあるのかすぐにわかります。Warningなどの警告でもプログラムの動作に影響が出る場合もありますので、開発時はエラーレベルを上げて、厳しい環境の中で正しいプログラムを書くとバグを減らすことができます。

②さまざまな入力値を想定する

Webアプリケーションでは、ユーザからの入力がたくさんあります。そのため、開発時には想定しなかった値が入力されることもあります。

「100文字まで入力できます」という注記のあるテキストボックスに、1文字も入力されていなかったら？ 200字入力されていたら？ SQLインジェクションといった悪意ある入力がなされる場合もあります。

いろいろな値が入力されることを念頭に置き、プログラム側でその差を吸収できるようにしましょう。

③テスト・デバッグを行う

作ったアプリケーションをテストするには非常に重要です。

作成したメソッドや関数が仕様を満たしているか確認する作業を自動で行ってくれる「自動テスト」と呼ばれるツールもあります。

自動テストツールを使う場合は、テストをするためのコードを書く必要がありますが、プログラムの品質は格段に向上します。

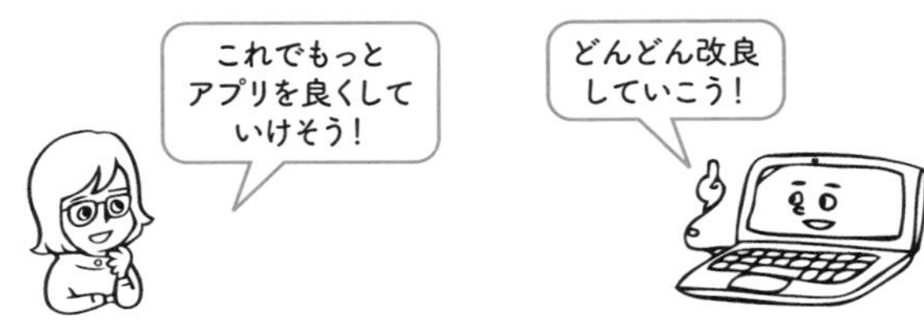

Check Testの解答例

節末にある「Check Test」の解答例を示します。間違えてしまった個所やわからなかった箇所は、もう一度本文を見直して、理解度をアップさせましょう。

Answer

Check Testの解答例

第1章

1-1

A1 ブラウザ

A2 ふだん利用しているWebサイトとその機能を3つ挙げることができれば正解です。例えばTwitterなら次のような機能があります。

- 140字の短いツイートを投稿する
- ユーザをフォローして投稿を確認できる
- リツイートで投稿を共有できる

> ヒント：Webサイトの機能に、どのようなユーザや処理が関わってくるのかを考えると、Webアプリケーションを作る際の発想力になります。

1-2

A1 ログインしたユーザが本人であるか確認するため

> ヒント：ログインすることで、利用しているユーザとWebアプリケーション内のデータを紐付けて利用できます。

A2 A：保存　B：取り出し　C：利用

> ヒント：Webアプリケーションの多くはデータをDBに保存しています。ブログも記事情報をDBに保存していて、閲覧時にDBからデータを取り出しています。

A3 HTMLの装飾をする言語

1-3

A1 クライアントはサーバに対してリクエストを送信し、サーバはレスポンスとしてHTMLや画像などを返送している など

> ヒント：ブラウザからWebページを見るとき、サーバに対してリクエストが発生します。サーバはリクエストを受け取ると、該当するファイルを探し、レスポンスとして返送します。そのファイルがPHPプログラムだった場合、プログラムを実行した結果を返送します。サーバはリクエストやレスポンスの窓口になっています。

A2

静的Webページが「HTMLや画像で構成される、一般的なWebページ」であるのに対し、動的Webページは「サーバでなんらかの処理をされて作成されたWebページ」である。

> ヒント：静的WebページはHTMLや画像から構成されているため、サーバは処理を加えることなくレスポンスとしてそのまま返送します。一方、動的WebページはPHP実行エンジンなどを使ってプログラムを実行し、その結果を返送する必要があります。

第2章

2-1

A1

ソースコード

A2

自分のPC内に構築された、プログラムの実行環境。

> ヒント：PHPはインターネットを通じてサーバで実行する必要があるため、PC内にサーバを立てて、疑似的にインターネットの世界を構築します。

2-2

A1

開発環境：エディタ
実行環境：Webサーバ、PHP実行エンジン、DB

A2

A：インターネット　B：自分のPC

第3章

3-1

A1

種類

> ヒント：拡張子によって、どのプログラムで実行するかが決まっています。

A2

XAMPP

A3

http://localhost/test/album.php

> ヒント：末尾がフォルダ名で終わっているときは、自動的にそのフォルダ内にあるindex.htmlやindex.phpを探して表示するので、http://localhost/test/index.htmlを指定したのと同じ意味になります。

3-3

A1 開始タグ：<?php　終了タグ：?>

> ヒント：ファイルの末尾がプログラムの末尾だった場合、終了タグを省略することができます。

A2 /*～*/：複数行のコメント
//、#：一行コメント

A3 2+3と表示される。ダブルクォーテーションで囲んだため、計算式でなく文字列として認識されたから。

3-4

A1 Fatal Error → Parse Error → Warning → Notice

> ヒント：PHP8で、さまざまなエラーのレベルが引き上げられました。これにより、以前よりしっかりしたプログラムを書くことが求められます。

A2 指定されたレベルのエラーを表示するよう設定する機能

第4章

4-1

A1 A：真偽値　B：整数　C：実数　D：文字列

> ヒント：PHPマニュアルで関数の使い方を確認するときや、厳密に値が同じかどうかチェックするときなどに型が関係してくる場合があります。

4-2

A1 `$total_score`、`$totalScore`、`$_total_score`、`$total_score10`

> ヒント：`$10total_score`は利用できません。変数名の先頭は英字かアンダースコアでなくてはいけません。

A2 結合演算子

> ヒント：結合演算子は、文字列や変数を結合するほか、「.=」とし、結合して再代入することもできます。

4-3

A1 /

A2 %

A3 4

ヒント：計算式ではカッコが優先されます。カッコが入れ子になっているときは、一番内側のカッコが優先されます。

4-4

A1
❶TRUE
❷FALSE
❸TRUE
❹TRUE
❺FALSE
❻TRUE
❼TRUE
❽TRUE

ヒント：❽の!(TRUE && FALSE) && TRUEは、次のような順序で確認します。
1. まずカッコ内の評価を行う（結果はFALSE）
2. カッコの外側に!があるので、カッコ内の結果を反転する（結果はTRUE）
3. 後ろのTRUEとのANDを評価してTRUEとなる

第5章

5-2

A1 2014年2月12日20時56分30秒

ヒント：mktime関数の引数の順序は、時、分、秒、月、日、年です。

A2 $aの値が30以上のとき、else ifの処理が実行されない

ヒント：条件式の順序に気をつけないと、期待した処理が実行されない場合があります。

5-3

A1 A：初期化式　B：継続条件

ヒント：初期化式は省略することもできます。

A2 インクリメント

A3 デクリメント

5-4

A1 3回

ヒント：while構文の式が成立する（TRUEになる）のは3回だけです。

A2 無限ループが発生する

ヒント：式に指定された数字の1はTRUEと評価されるためです。

5-5

A1 switch構文のブロックを抜ける

A2 どのcase条件にも当てはまらないときの処理を行う

ヒント：default句は省略することもできます。

A3 ＜for構文＞

```
for ($i = 10; $i > 0; $i--){
  echo $i .'<br>';
}
```

＜while構文＞

```
$i = 10;
while ($i > 0){
  echo $i .'<br>';
  $i--;
}
```

ヒント：カウントダウンには、ループカウンタ$iをデクリメントします。

A4 「whileループを抜けました。」と表示される

ヒント：$iには2が代入されており、$i < 2の式は成り立たないので、whileループには入りません。

A5 ＜解答の一例＞

```
switch ($total){
  case 10:
    echo "10";
    break;
  case 20:
    echo "20";
    break;
  default:
    echo "その他";
}
```

ヒント：default句の処理では、breakを省略できます。

第6章

6-1

A1 0

A2 関連性

6-3

A1 多次元配列

ヒント:特に$var[1][2]のような入れ子の場合は二次元配列、$var[1][2][3]のような入れ子の場合は三次元配列といいます。

A2 $fruit[0][2]

6-4

A1 =>

ヒント：ダブルアロー演算子は、連想配列のキーと値を関連付けるために使います。

A2 $result['english']

6-5

A1 <解答の一例>

```
$foods = array(
  'fruit' => array('イチゴ', 'リンゴ', 'バナナ'),
  'vegetable' => array('きゅうり', 'かぼちゃ', 'じゃがいも')
);
```

ヒント：果物と野菜という大きなグループが2つあるので、二次元配列にしましょう。連想配列でなく普通の配列でもかまいません。

A2 A：as　B：=>

A3 <解答の一例>

```
foreach ($foods as $food_type => $food){
```

```
  echo $food_type .':';
  foreach ($food as $key => $value){
    echo $key .':'. $value .'<br>';
  }
}
```

ヒント：Q1を通常の配列で作成した場合、表示されるキーは文字列ではなく数字になります。

第7章

7-1

A1

A：返り値

ヒント：引数や返り値がない関数もあります。

A2

引数：文字列「morning」　結果：7

ヒント：mb_strlen関数は、日本語などのマルチバイト文字列の長さを数える関数です。言語によって1文字を表現するのに使う容量（バイト数）が違うため、日本語を含む文字列を扱うにはmb_という接頭辞のついた関数を利用します。この設問では引数の文字列は日本語ではありませんが、正しく文字列の長さを数えることができます。

7-2

A1

return

A2

A：2回　B：3回

ヒント：Aは引数を指定していないので、デフォルト引数である2が利用されます。Bは引数を指定しているので、デフォルト引数より指定した引数のほうが優先されます。

7-3

A1

<解答の一例>

```
date("Y-m-d");
```

ヒント：この他、date("Y年m月d日")と日付の区切りを変えたものや、date("Y-n-j")のように月日の先頭に0がつかないフォーマットにした場合でも正解です。

A2

<解答の一例（昨日が2021/01/22の場合）>

```
mktime(0, 0, 0, 1, 22, 2021);
```

第8章

8-2

A1 カレントディレクトリ

> ヒント：英語で書くとcurrent directoryです。カレントには「現在の」という意味があります。

A2 ../

A3
A：column/images/image01.png
B：../index.php
C：images/image01.png
D：../column01.php

第9章

9-1

A1 改行コード

> ヒント：改行コードは目に見えません。プログラム上では、ダブルクォーテーションで囲んだ\n（文字コードやフォントによって¥n）として表現します。

A2 nl2br

> ヒント：Newline to br（改行をbrタグにする）という意味の関数です。

9-2

A1 ファイルポインタ

> ヒント：どのファイルのどの位置に処理を行うか指定します。

A2 r+

A3 file_get_contents関数は指定ファイルをすべて読み込むが、fgets関数はファイルポインタのある場所から1行読み込む。

9-3

A1 \n（文字コードやフォントによって¥nとなる場合もあり）

A2 A：fopen　B：fgets　C：fclose　D：fwrite

第 10 章

10-1

A1

A：パラメータ　B：値

ヒント：複数のパラメータを送信する場合には、&でパラメータと値の組をつなげます。

A2

変数：name／値：sasaki
変数：age／値：25

10-2

A1

画像のアップロード

ヒント：画像以外のファイルのアップロードも可能です。

A2

form

A3

❶

```
<input type="text" name="title">
```

❷

```
<select name="fruit">
  <option value="banana">バナナ</option>
  <option value="apple">りんご</option>
  <option value="orange">みかん</option>
</select>
```

❸

```
<input type="radio" name="gender" value="male">男性
<input type="radio" name="gender" value="female">女性
```

ヒント：ラジオボタンでは、nameの値が同じものがグループとなり、選択されたラジオボタンの値が送信されます。

10-3

A1

URL

A2

フォーム

A3

アップロードした画像はサーバのテンポラリフォルダに保存される。プログラム終了時にテンポラリフォルダの画像は消えてしまうので、画像フォルダへ移動する。

第11章

11-1

A1 リレーショナルデータベース

A2 A：テーブル（表） B：レコード（行） C：カラム（列）

11-2

A1 主キー

ヒント：一意な値というのは、他と重複しない唯一の値であることを指し、「ユニーク」ともいわれます。

A2 A：CREATE B：PRIMARY KEY

ヒント：DBやテーブルを作成するときにはCREATE句を使います。主キーはカラム宣言時にPRIMARY KEYを指定します。

A3 GRANT

ヒント：GRANT構文で現在存在しないユーザに対して権限を付与すると、ユーザの作成と権限の付与が同時に行われます。

11-3

A1 A：INSERT B：VALUES

A2 プリペアドステートメント

11-4

A1

```
CREATE DATABASE addressbook;
```

A2

```
CREATE TABLE addressbook(
  id INT PRIMARY KEY NOT NULL AUTO_INCREMENT,
  name VARCHAR(30) NOT NULL,
  zipcode CHAR(7),
  address VARCHAR(255)
) DEFAULT CHARACTER SET=utf8;
```

ヒント：カラム名、カラムの型以降の設定（PRIMARY KEYなど）は順不同です。

第 12 章

12-1

A1 有効期限

A2 $_COOKIE['name']

A3 容量が大きい情報、重要な情報、書き換えられると困る情報

> ヒント：あくまでもユーザ側であるブラウザに保存できるデータ領域なので、書き換えや削除が可能です。プログラム側から完全にコントロールできないことを念頭に置きましょう。

12-2

A1 クッキー

> ヒント：セッションIDをクッキーに保存しているので、クッキーを削除するとサーバ側のセッション情報と紐付けができず、セッションが切れた状態（ログアウトや買い物カートの中身がない状態）になります。

A2 クッキーはデータをブラウザに保存するのに対し、セッションはデータをサーバに保存している。

> ヒント：他に、クッキーが4キロバイト程度のデータ量しか保存できないのに対し、セッションは多量のデータ保存ができるといった違いがあります。

12-3

A1

```
setcookie('name', '山田大介', time() + 60 * 30);
```

> ヒント：有効期限にはタイムスタンプを指定します。今から30分後であれば、現在時刻のタイムスタンプに60秒*30分足した値です。

A2 $_SESSION

A3 session_destroy

> ヒント：決してスーパーグローバル変数自体を削除しないでください。セッションが利用できなくなります。

第13章

13-1

A1 脆弱性

A2 URLのパラメータ（GETの値）。フォームから送信した値。想定外の入力内容。クッキーの値。

ヒント：2つ挙げることができれば正解です。

13-2

A1 エスケープ

A2 `htmlspecialchars`

13-3

A1 A：トークン　B：サーバ

13-4

A1 連番

A2 `session_regenerate_id`

ヒント：セッションIDの作成は、自分で割り当てるのではなくPHPに任せるのがよいでしょう。

13-5

A1 削除

A2 PDOの持つプリペアドステートメントのプレースホルダ機能を使ってSQL文を実行する

ヒント：この他にも、オブジェクトとDBを関連付けて利用できるO/Rマッパーという機能を使うことも対策となります。

第14章

14-1

A1 profilesテーブルの主キーを自動採番にしない等

ヒント：profilesテーブルも自動採番にしてしまうと、usersテーブルの主キーとずれてしまう可能性があります。ある人物に対してusersテーブルとprofilesテーブルに挿入するレコードの主キーが同じである必要があります。

A2 例：selectの回数が減る等

ヒント：usersテーブルとprofilesテーブルから各1回合計2回検索するよりも、結合して一度に検索をしたほうが効率的です。複数のテーブルから一度にデータを取得でき、取得時の条件も指定できて便利です。

14-2

A1 phpinfoのGD Supportがenabledになっているか確認する

A2 `imagecopyresampled`

ヒント：リサンプリングすると画像をきれいに拡大・縮小できます。

14-3

A1 枠組み

ヒント：フレームワークを学習する時間や労力が必要ですが、プログラムすべてを自分で書くよりも手早く開発できます。

A2 Symfony、Laravel、CakePHPなど

索引

記号

A

B

C

D

E

F

G

H

I

J

L

M

N

O

P

X

あ

い

え

お

か

き

く

け

こ

さ

と

な

ぬ

は

ひ

ふ

■著者

志田 仁美（しだ・ひとみ）

1987年生まれ。高校時代にPHPの楽しさに触れ、大学院でグループウェアの研究を行う。修了後、アシアル株式会社でプログラマとして従事。その後フリーのWeb開発者に。現在は育児の合間に複数のWebアプリケーションを開発・運営している。

■監修者

アシアル株式会社

アシアルはサーバーサイドWeb、スマートフォン、HTML5技術を中心とした技術支援、開発受託、サービス運営を行うテクノロジーベンチャー。モバイルアプリ開発プラットフォーム「Monaca」の開発およびサービス提供を行っている。

装丁・本文デザイン	新井 大輔
イラスト・マンガ	ヤギワタル
DTP	株式会社シンクス
編集	大嶋 航平

スラスラわかるPHP（ピーエイチピー） 第2版

2021年 6月21日 初版第1刷発行
2024年 2月20日 初版第3刷発行

著 者	志田 仁美（しだ・ひとみ）
監 修	アシアル株式会社
発行人	佐々木 幹夫
発行所	株式会社 翔泳社（https://www.shoeisha.co.jp）
印刷・製本	株式会社ワコー

ISBN978-4-7981-6850-0 Printed in Japan